暴雨型滑坡失稳机理及预警预报
——以江西省为例

吴海真　刘颖　王姣　胡强　著

中国水利水电出版社
www.waterpub.com.cn
·北京·

内 容 提 要

本书在对江西省降雨特征和滑坡特征进行统计分析的基础上，研究了江西省自然边坡降雨入渗机理，揭示了边坡稳定性的影响因素和变化规律，提出了暴雨型自然边坡滑坡的预警预报方法。本书对于江西省滑坡、泥石流灾害的预测和预防有重要的指导意义。

本书可供从事边坡工程研究的科研及设计人员阅读，也可供相关专业高等院校师生参考。

图书在版编目（ＣＩＰ）数据

暴雨型滑坡失稳机理及预警预报 ：以江西省为例 /
吴海真等著. -- 北京 ：中国水利水电出版社，2019.10
ISBN 978-7-5170-8128-9

Ⅰ．①暴… Ⅱ．①吴… Ⅲ．①暴雨－滑坡－监测预报
－研究－江西 Ⅳ．①P642.22

中国版本图书馆CIP数据核字(2019)第230672号

书　　名	**暴雨型滑坡失稳机理及预警预报——以江西省为例** BAOYUXING HUAPO SHIWEN JILI JI YUJING YUBAO ——YI JIANGXI SHENG WEI LI
作　　者	吴海真　刘颖　王姣　胡强　著
出版发行	中国水利水电出版社 （北京市海淀区玉渊潭南路 1 号 D 座　100038） 网址：www. waterpub. com. cn E - mail：sales@waterpub. com. cn 电话：（010）68367658（营销中心）
经　　售	北京科水图书销售中心（零售） 电话：（010）88383994、63202643、68545874 全国各地新华书店和相关出版物销售网点
排　　版	中国水利水电出版社微机排版中心
印　　刷	天津嘉恒印务有限公司
规　　格	170mm×240mm　16 开本　9.5 印张　186 千字
版　　次	2019 年 10 月第 1 版　2019 年 10 月第 1 次印刷
印　　数	0001—1000 册
定　　价	**65.00 元**

滑坡是仅次于地震的第二大自然灾害,已成为对人类和社会影响的一个不可忽视的环境难题。滑坡与降雨的密切关系是早已为人知的事实,但降雨与边坡稳定的关系受诸多因素的影响,如降雨强度、降雨历时、雨型、前期雨量、边坡的地形地貌和边坡的初始条件等。

江西省位于长江中下游南岸,多年平均年降雨量约为 1570mm,属多雨地区,雨季山体滑坡频繁,已给人民生命财产造成重大损失。在滑坡事故中,雨季自然边坡滑坡占相当大的比例,造成的灾害损失也相当严重。做好滑坡灾害防治工作是当地人民的迫切要求和期望,它是一项社会公益性事业,是关系国计民生的大事,更是促进全面建成小康社会和构建和谐社会的实际需要。2007 年 11 月,"江西省暴雨型滑坡失稳机理及预警预报研究"(编号:KT200701)由江西省水利厅立项。2015 年 6 月,"江西省暴雨型滑坡失稳机理及预警预报研究和应用"项目获江西省科学技术进步三等奖。

本书在对江西省降雨特征和滑坡特征详尽统计分析的基础上,结合地质勘察和土工试验,基于数值模拟技术和实测资料,研究江西省自然边坡降雨入渗机理,揭示此类边坡的稳定性影响因素和变化规律,最终提出江西省暴雨型自然边坡滑坡的预警预报方法。研究成果对于江西省滑坡、泥石流灾害的预测和预防有重要的指导意义。本书共分为 7 章,第 1 章绪论,介绍暴雨型滑坡的研究意义、研究现状和主要研究内容;第 2 章研究江西省暴雨时空分布特征、滑坡灾害特点以及降雨与滑坡之间的内在关联性；第 3 章提出江西省典型自然边坡的概化模型和滑坡预报模型；第 4 章构建非稳定饱和–非饱和渗流场计算数学模型，并研发相应的计算程序；第 5 章探究 5 个概化模型在降雨条件下的渗流场和稳定性变化特征及规律，揭示了江西省典型自然边坡稳定性与降雨特性之间的关联性；第 6 章建立模型自然边坡的实体模型、有限元网格模型、降雨模型，计算并分析各模型边坡在不同降雨模型作用下的降雨过程稳定性，提出了江西省暴雨型滑坡灾害等级划分和预警预报方法；第 7 章总结了本书的主要研究内容和结论、主要创新点以及近年来的研究进展，并作了展望。

本书是在江西省水利厅科技项目"江西省暴雨型滑坡失稳机理及预警预报研究"（编号：KT200701）科研工作的基础上总结编写而成的。项目研究得到了江西省水利科学研究院的技术指导以及龚羊庆、徐升等同事的帮助；在本书的编写过程中，南昌工程学院彭友文教授和南昌大学李火坤教授对全书进行了审核，提出了建设性的意见。在此向支持和关心本书出版的所有单位和专家学者表示衷心的感谢，也感谢中国水利水电出版社付出的辛勤劳动。在本书编写过程中，参阅了大量有关滑坡研究的文献资料，部分内容已在参考文献中列出，但难免仍有遗漏，在此一并向参考文献的各位作者致谢。

由于时间紧迫、作者水平有限，书中内容难免存在一些错漏，不当之处敬请批评指正。

作者

2019 年 5 月

目　录

第 1 章

绪　　论

1.1　地质灾害

地质灾害是指在地球的发展演化过程中，由各种自然地质作用和人类活动所形成的灾害性地质事件。按地质环境或地质体变化的速度而言，地质灾害可分为突发性地质灾害与缓变性地质灾害两大类。突发性地质灾害包括崩塌、滑坡、泥石流等；缓变性地质灾害包括水土流失、土地沙漠化等。

地质灾害的发生常常给人民的生命财产造成严重损失，给工程建设带来很大影响。据统计，在 20 世纪 70 年代，美国滑坡损失达 10 亿美元/年；进入 80 年代，这种损失增至 15 亿美元/年。日本同类灾害的经济损失为 15 亿美元/年。在联合国教育、科学及文化组织（United Nations Educational，Scientific and Cultural Organization，UNESCO）的调查资料中，意大利在 20 世纪 70 年代的滑坡损失为 11.4 亿美元/年；印度因交通干线滑坡的损失达 10 亿美元/年。我国滑坡、泥石流造成的损失也十分惊人。据中国科学院特别支持领域"山地灾害——泥石流滑坡基础研究专家委员会"办公室资料，在中国科学院编目统计的具有一定规模的滑坡有 30 万个，其中灾害性滑坡有 1.5 万个（乔建平，1988），近 10 年来每年由地质灾害造成的经济损失平均在 200 亿～500 亿元，每年伤亡 500～1000 人。据《中国环境状况公报》（1998—2002）和《中国地质环境公报》（2003）的统计：2001 年，全国共发生滑坡、泥石流、地面沉陷等地质灾害 5793 处，其中重大地质灾害 240 余起，造成 788 人死亡，直接经济损失近 35 亿元；2002 年，全国共发生各类地质灾害 40246 起，造成 853 人死亡、109 人失踪，直接经济损失达 51 亿元。1995—2002 年我国因地质灾害死亡人数统计成果见图 1.1。

江西是地质灾害易发、多发且危害比较严重的省份之一。按江西省 1：50 万环境地质调查和已完成的修水、浮梁、贵溪、上饶、袁州、资溪、永丰、定

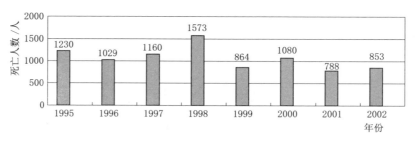

图 1.1 1995—2002 年我国因地质灾害死亡人数统计

南等 32 个县（区、市）的地质灾害调查与区划，以及江西省汛期地质灾害应急调查等资料的不完全统计，江西省已发现滑坡 6887 处，泥石流 260 处，因灾死亡 524 人，受伤 460 人，已损毁房屋 16615 间，经济损失 38126.72 万元；滑坡、泥石流隐患点 5092 处，威胁 85709 人，可能会造成经济损失 45714 万元，详见表 1.1、表 1.2。

表 1.1　　　　　　　　　　江西省已发现地质灾害统计表

项　　目	滑坡/处	泥石流/处	死亡（威胁）人数/人	经济损失/万元
已发现的地质灾害	6887	260	524	38126.72
仍潜在的隐患	4880	212	(85709)	45714

表 1.2　　　　　　　　　　江西省滑坡、泥石流灾害损失统计表

年　份	死亡/人	经济损失/万元	年　份	死亡/人	经济损失/万元
1990 年以前	216	3311.69	1997	4	3273.54
1990	0	182.43	1998	149	14452.80
1991	1	83.48	1999	10	1781.29
1992	12	1298.90	2000	9	313.58
1993	27	2410.95	2001	2	323.65
1994	7	307.48	2002	43	2574.24
1995	23	6058.03	2003	5	144.60
1996	16	1610.06	合计	524	38126.72

　　地质灾害多数发生在经济落后、生活水平低的山区。地质灾害的发生严重危及所在乡镇、学校和一些重要设施的安全及当地人民生命财产的安全。做好地质灾害防治工作是当地人民的迫切要求和期望，是一项社会公益性事业，是关系国计民生的大事，也是促进全面建设小康社会的实际需要。

1.2　暴雨与滑坡灾害

滑坡是地质灾害的主要类型，对人类和社会的影响已成为一个不可忽视的环境难题，是仅次于地震的第二大自然灾害。据我国 290 个县（区、市）地质灾害调查成果，滑坡在地质灾害中所占比例最大达 51%。江西省是滑坡灾害的较高发区，1998 年的特大暴雨引发的地质灾害达 11 万处，其中以滑坡为主、损失较大的重要灾害有 466 处，造成人员伤亡的灾害有 51 处，伤亡人数和直接经济损失超过前 18 年的总和。

1.2.1　影响边坡稳定的因素

滑坡是斜坡上的岩土体由于各种原因在重力作用下沿一定的软弱面整体向下滑动的现象，按边坡自然类别或与工程的关系可以分为自然边坡、矿山边坡、路堑边坡和水电工程边坡 4 类。

工程实践表明，影响边坡稳定性的因素相当复杂，总体来说可以分为地质因素和非地质因素两大类。地质因素包括边坡岩体结构特性、岩体介质结构特性、地下水状态或水文地质条件及地应力等，是滑坡发生的地质基础或物质基础条件；非地质因素包括大气降雨、大爆破、坡脚切层开挖以及边坡地下水开采等，可为滑坡发生提供外动力或触发条件。

1.2.2　暴雨诱发滑坡的机理

降雨是滑坡的主要促发因素，滑坡与降雨的密切关系是早已为人们所知的事实。降雨诱发滑坡的机制主要表现在以下几个方面。

1. 初时激发启动作用

大强度暴雨及长历时大雨量降雨易使边坡受激发而初时失稳，在土质边坡中则以破坏触动堆积体表层黏膜为主要对象，出现雨蚀沟、切沟、地表裂缝和局部坍塌等，甚至一次激发产生剧烈滑塌及次生泥石流。

2. 改变岩土性状，降低斜坡抗剪强度

边坡的变形破坏实际上是剪切破坏。在潜在滑动面上，如抗滑阻力大于下滑力，边坡则保持相对稳定。在江西省最为常见的以第四系覆盖层为主要组成物质的斜坡中，由于斜坡物质以黏土、土石混合物等松散堆积物为主，降雨自地表入渗，堆积层汇水量不断增加，黏土遇水易软化，其抗滑力迅速减小，大大降低了滑面上的抗剪强度，斜坡岩土体力学性质发生变异，从而导致斜坡变形失稳。

3. 静水压力作用

若边坡上部为相对不透水的岩土体，当降雨造成河水水位或库水水位上涨时，地下水水位上升，坡内不透水岩土底面将受到静水压力作用，削减该结构面上的有效应力，从而降低了抗滑力，不利于边坡稳定。显然，地下水水位越高，对边坡稳定越不利。当河水水位或库水水位迅速降落时，由于地下水水位回落的滞后效应，结构面上仍存在较大的静水压力，岸坡形成滞后型滑坡破坏现象比较普遍。

4. 动水压力作用

降雨沿边坡体表面及裂缝入渗，若边坡岩土体是透水的，地下水渗流时由于水力坡度作用，会对边坡产生动水压力，其方向与渗流方向一致，指向临空面，起助推作用，对边坡稳定不利。

5. 增荷加压作用（暂态水荷载）

降雨作用于边坡时，边坡含水量增加，自重加大，若降雨量连续补给，坡面水流排泄不畅，使坡体荷载加大，从而增大了斜向自重推动力。若降雨强度较大，降雨对坡体表层产生较大的连续脉冲力，也将对边坡的失稳起到一定助推作用。

综上所述，降雨对滑坡具有较明显的影响作用，尤其是暴雨。据全国统计，因暴雨诱发的滑坡占滑坡总数的 90％。以江西省为例，1998 年 6 月 21—22 日，黎川县洵口流域厚村乡焦陂村因连降暴雨而发生滑坡；2002 年 6 月 13—18 日，赣中、赣南发生大范围集中强降雨，抚河支流和赣江支流孤江等发生超历史洪水，致使抚州、赣州、吉安、九江等地的部分山区发生多处山体滑坡，造成重大人员伤亡和财产损失；2005 年 9 月 1 日，受台风"泰利"影响，庐山遭受降雨量为 554mm 的特大暴雨，造成庐山莲谷路山体滑坡等。

1.3 研究现状

降雨对滑坡作用的研究一直是学术界关注的焦点之一，国内外许多学者在这一方面进行了长期的探索和研究，取得了一些重要的研究成果。

1. 降雨条件下的边坡稳定分析

许多滑坡灾害与降雨有着密切的关系，考虑降雨影响的土坡稳定性预测预报是一个亟待解决的复杂工程问题。近些年来，国内外在这方面作了很多研究。我国香港由于地处台风较多的区域，降雨引发滑坡的问题比较严重，在滑坡研究的力度也比较大，也取得了较多的成果。Lumb 于 1962 年通过研究香港地区降雨和滑坡的关系，提出了一种简单的一维垂直入渗模型，并根据抗剪强度与饱和度的经验关系研究地质条件和降雨特征对边坡稳定性的影响。但是，在研究中未考虑水平渗流分量的影响，且假定导水率和扩散度均为常量，这些假定与实际情况差别较大。

Alonso 于 1995 年针对香港的情况进行了土坡二维非饱和渗流与极限平衡法的联合分析，渗流分析中采用了考虑空气压力变化的耦合型控制方程，考虑的影响因素包括土的类型、降雨历时、降雨强度、水分保持曲线的形状和土的渗透性等。

Ng 分别于 1998 年、1999 年针对香港地区一种典型非饱和土斜坡，用有限元法模拟雨水入渗引起的暂态渗流场，然后将计算得到的暂态孔隙水压力分布用于斜坡的极限平衡分析，并研究了降雨特征、水文地质条件及坡面防渗处理等因素对暂态渗流场和边坡稳定性的影响。但是在研究中未考虑雨水入渗随着土壤入渗能力的变化而变化的特性，而只是将入渗量按降雨量的一定比例降低来大致确定。

加拿大学者 Fredlund 在非饱和土的研究方面做了较多的工作。Fredlund 分别于 1987 年、1994 年运用有限元法模拟暂态渗流过程，并对边坡的稳定性进行了参数研究，考虑的主要因素是降雨强度和土的类型。结果表明，较高降雨强度引起边坡安全系数显著降低，渗透系数对安全系数影响较小，基质吸力在边坡稳定性中起着举足轻重的作用。但是，在研究中未考虑危险滑移面的位置受降雨影响发生变化的情况。

随着暴雨型滑坡机理的逐渐明晰，有关学者将滑坡分为均质土体滑坡（下伏基岩）和基岩型滑坡两类。就均质土体斜坡（下伏基岩）而言，Colline 于 2004 年结合滑坡实例和理论研究总结出浅层滑坡和深层滑坡两种失稳模式。对于浅层滑坡，斜坡的岩土体入渗速率较高，孔隙水压力发展及湿润锋推进速度快，岩土体较易达到饱和状态，在降雨作用下这类斜坡出现失稳的深度往往较浅，此时，渗透力往往起主导作用，例如，Johnson 于 1990 年研究降雨诱发的崩积滑坡时发现了孔隙水压力发展导致的失稳机制。对于深层滑坡，斜坡的岩土体入渗速率较低，孔隙水压力发展及湿润锋向前推进速度较慢，岩土体不易达到饱和状态。在非饱和状态下，这类斜坡发生失稳的主要原因是基质吸力的降低进而引起滑面抗剪强度的降低，在降雨作用下这类斜坡出现失稳的深度较深。Tohari 于 2007 年通过室内试验证实了在降雨入渗过程中斜坡体失稳区域逐步扩散，岩土体无须饱和就能诱发斜坡失稳。以我国香港为例，香港对 1997 年之前在降雨作用下发生浅层失稳的填土斜坡（3m 范围内）进行了压实。由于压实后土体的入渗速率降低，不容易达到饱和状态，故需要一定的深度才有可能失稳。此后，Chen 于 2004 年通过现场监测相关数据，认为基质吸力的减少导致滑面抗剪强度的降低是滑坡起滑的关键因素。Matsushi 于 2006 年观察分析了下伏透水性较好的基岩（砂岩）以及透水性不好的基岩（泥岩）

的斜坡在降雨作用下产生滑坡的差异性。当下伏基岩透水性较好时，上覆岩土体不易发生饱和，斜坡发生失稳的原因是基质吸力的降低且失稳深度较深；与之相反，当基岩透水性不好时，上覆岩土体较快饱和，有效应力减小和黏聚力降低导致失稳，且滑坡失稳深度较浅。Ali 于 2014 年进一步研究了这种降雨入渗斜坡处完全透水、半透水以及不透水 3 种入渗边界时的边界效应，表明透水性越好的边界条件滑坡失稳深度越浅，而深层失稳往往发生在不透水的边界上。由此可见，边界效应对滑坡失稳深度和时间皆有影响，同时还受土体类型、雨强以及坡面倾角等因素的影响。

21 世纪以后，国内对降雨条件下边坡稳定的研究开始增多。陈守义于 1997 年提出了考虑入渗和蒸发影响的土坡稳定性分析方法。李兆平于 2001 年以土壤体系含水率作为控制变量，应用非饱和土水分运动基本理论建立了降雨入渗过程中土体瞬态含水率的计算模型，采用非饱和土强度理论和极限平衡方法，得出了可以考虑基质吸力影响的边坡安全系数计算公式；但在对渗流场进行模拟时，采用的是一维垂直入渗模型，未考虑水平方向渗流的影响。姚海林于 2002 年专门针对非饱和膨胀土边坡在考虑暂态饱和-非饱和渗流的情况下进行了参数研究。汪自力于 2002 年在饱和-非饱和渗流不动网格有限元计算的基础上，用土体单元所受的渗透力代替其周边的孔隙水压力，以达到利用渗流计算时的剖分网格和计算结果，实现连续进行渗流作用下的边坡稳定分析的目的。李焕强于 2009 年进行的降雨入渗模型试验研究表明：坡度较大的斜坡在降雨作用下响应较晚，坡体变形以及坡前推力发展速度较快、变化幅度大，分析认为可能与坡度增大使有效降雨强度相应增大，进而导致斜坡入渗速率增大有关。林鸿州于 2009 年研究了降雨特性的不同对滑坡失稳的影响，认为低强度、长历时降雨易诱发深层滑动型破坏，相反，高强度降雨易产生浅层冲蚀流滑型破坏。李龙起于 2014 年进行了不同降雨条件下的斜坡入渗模型试验，结果表明：短历时暴雨造成的坡体变形主要位于表层，其主要原因是坡面附近超孔隙水压力的积累和消散；而长时间小雨作用下坡体变形相对较深，此时坡体基质吸力减小以及雨水软化软弱夹层是变形产生的主因。

2. 降雨与滑坡的关联性研究

滑坡的发生除了与降雨量有关外，还与降雨历时、滑坡体岩土材料的渗透性与孔隙率、坡面径流排泄条件、初始地下水位及地下水位补给条件等有关。在滑坡与降雨关系的研究方面，已有不少学者从不同的角度进行研究，取得了不少成果。

Lumb 于 1975 年在分析了 1950—1973 年的滑坡和降雨资料之后，首次提出了香港地区滑坡与降雨的关系。Lumb 指出，滑坡发生数量与 24 小时降雨量和前期 15 日累计降雨量有关：当 24 小时降雨量达 100mm 和前期 15 日降雨量达 350mm 时，诱发至少 50 处滑坡，形成灾难性的滑坡事件；当 24 小时降雨量达 100mm 和前期 15 日降雨量达 200mm 时，诱发 10～50 处滑坡，形成严重的滑坡灾害事件。

Brand 等于 1984 年在详细分析了 1963—1983 年的滑坡数量与 1～30 日的累积降雨量关系之后，认为香港地区的日均滑坡数量和滑坡伤亡人数与前期降雨量之间的关系基本无规律可循，但与 24 小时降雨量关系密切。24 小时降雨量 75mm 为灾难性滑坡的临界降雨量，同时 24 小时降雨量也可作为降雨滑坡的警戒指标，当 24 小时降雨量小于 100mm 时，滑坡发生的可能性很小；当 24 小时降雨量大于 200mm 时，严重的滑坡灾害肯定发生。根据实际监测的降雨入渗和孔隙水压力关系，Brand 认为香港地区火成岩风化层的高渗透性决定了滑坡与 24 小时降雨强度关系密切。Brand 还发现受降雨变化周期的影响，在香港地区，群发的灾难性滑坡事件大约每 5 年发生一次，严重的滑坡灾害事件每 2 年发生一次，轻微的滑坡灾害事件一年发生 3 次。

香港政府根据 Brand 等人的研究结果于 1984 年启动了滑坡预警系统。确定 24 小时降雨量 75mm 和 24 小时降雨量 175mm 为滑坡警报的临界降雨量。香港的预报结果显示，当 24 小时降雨量大于 75mm 时，平均发生滑坡 35 处，实际发生滑坡 5～551 处。自预警系统启动以来，平均每年发布 3 次滑坡警报，实际发布警报每年 1～5 次。滑坡警报的发布通常在每年的最强降雨时段。另外，即使降雨量低于警报值，但是当 1 天发生滑坡 15 处或更多时，滑坡警报也会立即生效。

Mark 和 Newman 于 1998 年通过对香港地区 1982 年 1 月降雨情况分析得出，当前期雨量超过 300～400mm，暴雨量超过 250mm，即超过年平均降水量的 30% 时，滑坡将大规模发生。Uromeihy 于 2001 年进一步分析滑坡与降雨的关系后认为，当一次暴雨超过多年平均年降水量的 20%～30% 时，灾难性滑坡事件肯定发生。

Finlay 等 1997 年在分析了香港地区 1984—1993 年的降雨和滑坡数据后，认为滑坡发生概率与 3 小时滚动降雨量关系密切，同时前期降雨量也直接影响滑坡发生概率。Ng 于 1998 年研究了降雨强度和持续时间对非饱和土边坡稳定性的影响，以及研究不同降雨和地层条件对非饱和土暂态孔隙水分布的影响，发现非饱和土边坡的稳定性系数依赖于降雨强度、地下水位初始值和持续时间。

Pun 于 1999 年重新评定了以 Brand 结果为依据而建立的滑坡预警系统的有效性，得出如下结论：①75mm 临界降雨量不宜作为有居民的山坡地区的临界降雨量；②滑坡发生概率与 15 日前期降雨量有关，相关程度随滑坡规模而变；③依据 5 分钟间隔自动记录计算的 24 小时滚动降雨量与滑坡关系更为密切。

Dai 和 Lee 于 2001 年在研究了 1984—1997 年的滑坡、降雨数据后认为：①12 小时滚动降雨量对于预报小型滑坡发生次数最为重要，24 小时滚动降雨量对规模较大的滑坡有明显影响；②规模小于 4m³ 的滑坡，其累积频次与滑坡规模成指数关系；③滑坡与降雨强度关系的可靠性跟数据的积累时段和数据量多少密切相关，数据的积累时段越长、数据量越大，结果越可靠。

杜榕恒于 1991 年对三峡地区 1982 年 7 月暴雨诱发的 80 多个典型滑坡进行研究，得出了暴雨触发滑坡的临界降雨强度。李晓于 1995 年对重庆一带地质、地貌特点、降雨侵蚀强度等进行研究，分析了当地发生地表侵蚀或触发滑坡灾害的降雨强度变化规律。王发读、林卫烈等分别于 1995 年、2003 年研究松散堆积土滑坡位移、地下水水位变化与降雨量的关系。将降雨量与滑坡位移量对应进行了相关量化分析，据此运用二元回归法建立指数预测模型，发现滑坡位移变化主要受连续累计降雨量的影响。贺健于 2000 年分析了降雨对滑坡稳定性的影响，总结出降雨量与滑体主裂缝扩展、深层位移、疏水流量之间的关系，得到滑体的临界年降雨量，并利用灰色灾变理论预测下一个降雨灾变年的时间。胡明鉴于 2001 年从决定滑坡稳定性的物质条件、结构条件和影响滑坡稳定性的环境条件及降雨强度、降雨量、降雨入渗、土体力学性质改变等多个方面分析降雨对滑坡的作用过程，并进行大型野外人工降雨激发滑坡试验和室内土工试验，指出降雨激发滑坡是在以降雨为主导因素的多种因素综合作用下发生的复杂过程。林孝松于 2001 年从暴雨频次、降雨的周期变化、降雨强度、降雨历时、降雨量以及雨型等方面研究了滑坡发生与降雨的组合关系，发现它们与滑坡的发生存在着密切的联系。杨顺泉于 2002 年指出，湖南省滑坡灾害发生的降水临界值为日降雨量大于 120mm，小时降雨量超过 40mm。谢剑明于 2003 年研究指出，浙江省非台风区当日降雨量为 60mm 和 130mm，有效降雨量为 150mm 和 225mm 时，滑坡高易发区和滑坡中易发区的滑坡点密度都有明显增加；在台风区，当日降雨量为 90mm 和 150mm，有效降雨量为 125mm 和 275mm 时，滑坡高易发区和滑坡中易发区的滑坡点密度都有明显增加。周国兵于 2003 年对重庆市 20 世纪 70 年代以来 153 个滑坡个例进行统计，表明降雨诱发的滑坡占 96.7%，其中 24 小时降雨量是诱发山体滑坡的最主要因素，同时，连续降雨的累计值也是相关因素。张珍于 2005 年对重庆市 153 个滑坡案例进行了统计分析，得出了滑坡与 24 小时降雨量和累计降雨量的关系。张玉成于 2007 年指出滑坡发生的概率和数量不仅与降雨量的大小成正相关关系，而且与滑坡发生的当天降雨及前期降雨特征关系密切。刘礼领于 2008 年提出，在评价降雨入渗对斜坡稳定性的影响时，要充分考虑裂隙的影响，只有降雨强度大于某一临界值时才会有充足的降雨通过裂隙渗入到斜坡深部，从而影响斜坡的稳定性。李长江于 2010 年在对滑坡与相关降雨观测的分形统计的基础上，建立了前期有效降雨模式，指出降雨衰减系数是由给定区域内引发滑坡过程降雨量随观测时间变化的标度指数确定。肖威于 2012 年对恩施地区 10 年来的降雨滑坡进行了地质气象分析，并采用逐步回归法计算滑坡活动与各降雨因子关系系数，结果表明久雨型滑坡启动受前五日有效降雨量影响最大。文海家于 2012 年对重庆市 1613 个滑坡进行分类统计，表明诱发滑坡的多为强降雨，且滑坡多在降雨后 1～2 天发生。

3. 降雨入渗条件下的渗流场研究

降雨入渗其实是一种非稳定饱和-非饱和渗流问题，边坡降雨过程的稳定性分析，其重要途径之一是开展边坡降雨入渗条件下的渗流场研究。随着电子计算机技术的普及与发展，工程渗流问题的分析方法也得到了很大发展。以往用数值法分析渗流问题时，一般是以自由水面为边界，在饱和区内进行计算研究，但这种分析方法在计算的每个时段都要试求自由水面边界，过程比较烦琐，而且未考虑非饱和区的孔隙水压力状况，因此不能全面真实地反映地下水的渗流动态。为此，国外从 20 世纪 70 年代开始考虑非饱和区域的渗流问题，即将饱和区与非饱和区耦合在一起进行整体分析，压力水头在饱和区为正值，而在非饱和区为负值，零压力面就是自由水面，计算域内不再有自由水面边界，使得计算简化，程序处理也比较容易。

Lam 和 Fredlund 于 1987 年对饱和-非饱和土渗流问题作了较完整的论述。将非饱和土壤水运动理论与非饱和土固结理论相结合，得到了符合岩土工程师使用习惯的饱和-非饱和渗流控制方程，并运用二维有限元方法对复杂地下水流动系统的几个暂态渗流实例问题进行了数值模拟。由于初始条件和边界条件复杂、土体的非均质以及非线性特征，许多特定、具体的实际问题都有赖于用数值方法对渗流控制方程求解。相比之下，采用解析法分析土体的流动现象和控制参数更为深入、更有广义性。由于 Green - Ampt 模型的各项变量都可测得且具有明确的物理含义，在实际中应用较为广泛。Green - Ampt 的半解析法是最早成功描述非饱和土中水的瞬态入渗过程的方法之一。不少学者在该模型的基础上进行了改进，例如，Mein 于 1973 年提出 Mein - Larson 模型，将降雨入渗过程分为自由入渗和积水入渗两个阶段。两个阶段的关键点即积水时刻的出现。考虑到自然状态下的降雨强度时强时弱，上述两个模型都只是针对单一降雨强度，且已有的降雨入渗模型较少涉及非均匀降雨强度，Chu 于 1978 年基于 Mein - Larson 模型将非均匀降雨过程分为若干均匀雨强时段，并根据降雨入渗时是否会出现积水现象予以逐段计算。Chen 于 2006 年在 Green - Ampt 模型的基础上得到了一个统一的斜坡降雨入渗模型（Chen - Young 模型）以考虑斜坡效应，该模型还针对 Green - Ampt 模型仅适用于积水入渗的情况，增加了自由入渗的过程。

国内学者在这方面也开展了很多工作。李信于 1992 年应用伽辽金有限元法对三维饱和-非饱和土渗流问题进行计算研究，介绍了数值方法和主要计算公式，给出了典型算例的计算结果，并与前人的试验资料进行比较。研究成果表明，在进行渗流分析时，该方法比只在饱和区内进行饱和渗流分析更接近实际。另外，将饱和区与非饱和区耦合在一起分析可以避开难以处理的自由水面边界问题，因而使水位升降、降雨和蒸发等引起的饱和-非饱和渗流问题得到较好的解决。李爱兵于 1994 年用边界元法对边坡中的地下水渗流场进行了分析。张家发于 1994 年对土坝饱和-非饱和稳定渗流场作了有限元分析。马博恒于 1997 年对露天开采边坡渗流实例进行了有限元分析。吴梦喜、高莲士于 1999 年对饱和-非饱和土体非稳定渗流作了数值分析，对一般的非饱和渗流有限元计算方法加以改进，以消除非饱和渗流数值计算存在的数值弥散现象。同时，还提出了一种逸出面处理新方法，并给出了非饱和非稳定渗流计算的实例。龙潭、王助贫等于 2000 年采用孔隙介质力学分析方法，将土体骨架、孔隙水和孔隙气分别作为独立的研究对象，结合孔隙水和孔隙气在气液交界面上满足的力学条件建立耦合方程，求解非饱和土中孔隙水的入渗和孔隙气体的排出过程，并对标准砂进行了一维有压水流入渗的试验和计算。朱文彬、刘宝深等于 2002 年利用饱和-非饱和土的渗流理论，并运用有限元法和有限差分法对公路边坡在降雨过程中的渗流规律进行了实例分析，模拟了雨水在土坡中的渗流过程。苏立群、吴海真等于 2006 年在采用土体孔隙水压力描述非饱和土渗透特性的基础上，对某土坝模型进行了饱和-非饱和渗流计算，并应用于降雨入渗条件下土坝边坡稳定分析，表明对于地下水位较深或可能出现浅层滑坡的情况，采用非饱和土强度理论得出的计算成果较为符合工程实际。吴海真于 2006 年对饱和-非饱和渗流作用下的岩石高边坡降雨过程稳定性进行了研究，研究成果表明，采用实际可能降雨特征时，边坡的最小安全系数出现在雨后一定时间内，与多数自然边坡在雨后一段时间产生滑动失稳的实际情况相吻合，并指出在模拟因降雨入渗引发边坡失稳过程时，应优先采用实际可能降雨强度和雨型。贺可强于 2005 年采用位移动力学理论进行研究时发现，堆积层滑坡的位移动力学特征主要取决于边坡的地下水位及其变化规律，且位移和位移速度在整体失稳前具有强烈的波动性。罗先启于 2005 年建立了分析滑坡在人工降雨情况下渗透特性和变形破坏特性的人工降雨大型滑坡试验平台。许建聪于 2006 年提出了松散土质滑坡位移与降雨量的统计模型。张我华于 2007 年运用现代非线性分析中的突变论方法，针对在降雨裂缝渗透影响下由于软弱夹层介质的有效刚度侵蚀损伤导致的弱化效应，提出了边坡失稳滑坡的尖点突变理论模型。周中于 2007 年通过现场试验发现变形量从坡面到坡体深部逐渐减小，入渗率随时间逐渐减小。

4. 暴雨型滑坡预测预报研究

近年来，暴雨型滑坡预测预报一直是滑坡研究中的热点课题之一，其核心是通过研究降雨与滑坡的各种关系，预测可能的滑坡状态。从目前公开出版的众多文献中可以看出，降雨滑坡预报研究内容广泛、研究方法多样。预报内容可分为 3 类：时间预报、空间预报和强度预报；研究方法包括统计方法、理论模型方法和统计学与理论模型耦合方法等。

文宝萍于 1996 年在对国内外滑坡预测预报研究成果深入分析的基础上，从滑坡发生时间、滑坡活动强度、滑坡危害 3 方面系统总结了滑坡预测预报研究的现状，指出了滑坡预测预报研究中的主要问题、各种研究方法的优缺点、适用范围和有效性及各国研究的特点，进而分析了滑坡预测预报研究的发展趋势和未来研究的突破口。

徐峻龄于 1998 年指出滑坡时间预报应分为长期、短期、临滑 3 个阶段，提出了利用滑体变形功（率）进行预报的方法。郝小员于 1999 年基于边坡变形破坏的特点对位移观测数据进行统计分析，利用非平稳时间序列理论就位移观测值建立模型进而作出预报。吴益平于 2001 年指出了区域滑坡空间预测、单体斜坡稳定性预测和滑坡灾害风险研究的发展趋势；并以三峡库区巴东县黄土坡区斜坡稳定性区划为例，用神经网络模型和信息量模型两种方法进行了斜坡稳定性预测，取得了满意的效果。殷坤龙于 2003 年将滑坡灾害预测预报分为空间和时间两大类，并进一步将空间预测划分为区域空间预测、地段空间预测和场地空间预测，将时间预测预报划分为长期时间预测、短期时间预测和临滑时间预测预报。王建锋于 2003 年系统论述了滑坡监测资料的整理方法，讨论了滑坡运动响应的主要组成成分，阐述了滑坡发生时间预报的理论基础，并抽象为一定的数学模型。许强于 2004 年探讨了滑坡预报模型（包括定量预报模型、定性预报模型以及 GMD 预报模型等）和预报判据研究方面的进展，提出了滑坡综合信息预报的思路及具体的实施技术路线。唐璐于 2003 年根据滑坡体运动的非线性动力学特性，应用混沌与神经网络相结合的预测方法，并采用数据试验的方法确定嵌入维数，建立了滑坡预测的混沌模型。陈剑等于 2005 年首先通过将降雨条件和地质环境条件相结合的方法，提出将最大 24 小时雨强和前 15 日实效降雨量作为滑坡灾害发生的短期预报判据。丁继新于 2006 年以鸡扒子滑坡为例，提出并验证了利用"双因素"分级叠合方法进行暴雨型滑坡时空预报的可行性和可靠性。张进于 2006 年介绍了非线性动力学、突变理论、分形理论、协同学理论、耗散理论等非线性科学在滑坡预测预报中的应用现状，并指出了各种理论、方法有待完善之处，指出了非线性科学在滑坡预测预报研究中的发展方向。李媛于 2006 年以四川省雅安市雨城区为研究区，将逻辑回归模型引入区域暴雨型滑坡预警预报，建立了同时考虑降雨强度和降雨过程的降雨临界值表达式，并利用 20 台自动遥测雨量计和地质灾害群测群防网络，建立了区域暴雨型滑坡预报预警体系。王年生于 2006 年基于不平衡推力传递法引入了滑坡位移过程的动力学分析方法，给出了滑坡条块的位移、速度和加速度计算式。赵放于 2011 年基于降雨预报、GIS 数字高程模型、遥感数据分析了浙江省境内地质灾害易发程度的数据，对 Logistic 回归模型进行了改进，并应用网格化处理方式建立了强降雨诱发滑坡的预警模型。蔡泽宏于 2015 年通过对闽东南地区典型滑坡隐患点实测监测数据进行数值模拟，建立了数字模型确定了该区域边坡失稳早期识别滑坡的判据。

1.4 主要研究内容

江西省位于长江以南，全省多年平均年降水量约为 1570mm，属多雨地区，雨季山体滑坡频繁，已给人民生命财产造成重大损失。在这些滑坡事故中，雨季自然边坡滑坡占相当大的比重，造成的灾害亦相当严重。虽然以往对因降雨引起边坡失稳的机理、模型、方法等方面研究较多，但针对某一特定区域的自然边坡失稳问题，从外部因素和内在机理两方面进行深入、系统研究的并不多。因此，结合江西省的地形地质条件和降雨时空分布特征，探索降雨入渗条件下自然边坡失稳机理并建立预警预报模型尤为必要。

基于上述目的，本书在对江西省降雨特征和滑坡特征详尽统计分析的基础上，结合地质勘察和土工试验，基于数值模拟技术和实测资料，研究江西省自然边坡降雨入渗机理，揭示此类边坡的稳定性影响因素和变化规律，最终提出江西省暴雨型自然边坡滑坡的预警预报方法。研究成果对于江西省滑坡、泥石流灾害的预测和预防有重要的指导意义，必将产生显著的社会和经济效益。

本书的核心内容为江西省水利厅科技计划项目"江西省暴雨型滑坡失稳机理及预警预报研究"（编号：KT200701）研究成果，其中：

第 1 章介绍暴雨型滑坡的研究意义、研究现状和主要研究内容。

第 2 章主要对江西省暴雨时空分布特征、滑坡灾害特点以及降雨与滑坡之间的内在关联性进行了研究。

第 3 章主要结合对江西省地形地貌和典型地质条件的调查统计，以及典型自然边坡的岩土体物质组成、分布特征及其物理力学特性等方面的研究，提出了江西省典型自然边坡的概化模型和滑坡预报模型。

第 4 章则在深入研究降雨诱发边坡失稳的物理机制的基础上，对非饱和土壤水运移理论、降雨入渗补给地下水的数值问题以及相关参数的确定进行了分析，由此构建了非稳定饱和-非饱和渗流场计算数学模型，并研发了相应的计算程序。

第5章主要基于江西省滑坡地质灾害典型区域降雨时空分布特征、典型自然边坡的岩土体结构组成及其物理力学特性，探究了5个概化模型在降雨条件下的渗流场和稳定性变化特征及规律，并由此揭示江西省典型自然边坡稳定性与降雨特性之间的关联性。

第6章主要基于降雨资料统计分析和室内外试验成果，建立了模型自然边坡的实体模型、有限元网格模型，确立了相应的降雨模型，对主要计算参数进行了反演，计算并分析了各模型边坡在不同降雨模型作用下的降雨过程稳定性，提出了江西暴雨型滑坡灾害等级划分和预警预报方法。

第7章总结了本书的主要研究内容和结论、主要创新点以及近年来的研究进展，并作了展望。

第2章

江西省暴雨时空分布及滑坡灾害特征

2.1 区域概况

江西省地处中国东南偏中部，位于长江中下游南岸，介于东经 113°34′36″～118°28′58″、北纬 24°29′14″～30°04′41″之间。东邻浙江、福建，南连广东，西靠湖南，北毗湖北、安徽而共接长江；上通武汉三镇，下贯南京、上海，南仰梅关、俯岭南而达广州。

江西省地貌类型较为齐全，境内北部较为平坦，东西南部三面环山，中部丘陵起伏，常态地貌类型以山地和丘陵为主。整个地势分布大致呈不规则环状结构，形成一个整体向鄱阳湖倾斜而往北开口的巨大盆地。全省土地总面积 16.69 万 km²，约占全国总面积的 1.74%，居华东各省（直辖市）之首。其中山地 6.01 万 km²（包括中山和低山），占全省总面积的 36%；丘陵 7.01 万 km²（包括高丘和低丘），占全省总面积的 42%；岗地和平原 2 万 km²，占全省总面积的 12%；水面达 1.67 万 km²，占全省总面积的 10%。

江西省境内水系主要属长江、珠江两大流域，其中长江占 97%，珠江占 2%，此外约有 285km² 面积径流汇入东南沿海水系。境内主要河流有赣江、抚河、信江、饶河及修水五大河，全部汇入鄱阳湖，鄱阳湖则与长江连通。

2.2 水文气象时空分布特征

2.2.1 气象分布特征

2.2.1.1 气候特征

江西省地处中亚热带，季风气候显著，气候类型复杂多样，降水季节分配不均、易涝易旱，主要的气候特征如下。

1. 中亚热带季风气候

江西省境内东、南、西三面环山，北面为鄱阳湖及滨湖平原地区。受东亚季风环流形势的影响，全省中亚热带湿润季风气候十分明显。冬季，受蒙古高气压中心的控制，来自北部大陆的干冷气流，由赣北长驱直入侵袭省境，全省基本上盛行偏北风，气候较为寒冷，年平均最低气温多在 12.4～16.0℃之间，其中年极端最低气温为－18.9℃（彭泽县）；夏季，受太平洋副热带海洋气团的单一影响，气候较为炎热，赣江中下游及其他大河下游所在区域极端最高气温多在 40.4℃以上，其中年最高值达 44.9℃（修水县）。

四季分明是典型中亚热带气候的一个重要表现。江西省与同纬度的地区相比，或与低纬度的广州、较高纬度的北京相比，四季日数的分配皆相对较为均匀。

2. 气候类型复杂多样

由于下垫面性质的不同，形成了江西省复杂多样的气候类型。有以武夷山、井冈山、庐山等为代表的山地气候；有以鄱阳湖大水域为代表的水域小气候；有以赣江流域为代表的丘陵区域气候和盆地气候；还有森林小气候等。

3. 降水不均、易涝易旱

江西省是全国多雨的省区之一，多年平均降水量为 1341～1939mm，属湿润气候区。其境内降水的主要特点有：①降水时空差异较大：赣东北和赣西北的降水较多，鄱阳湖北岸和吉泰盆地的降水较少；②降水量的年际变化相当明显：如龙南县 1975 年降水量达 2596mm，1963 年仅为 1621mm；玉山县 1975 年降水量达 2769mm，1963 年仅为 1211mm，两地最多与最少年的差值分别为 975mm 和 1558mm；③年内分配不均：每年 4—6 月基本是雨季，降水量占全年总量的 42%～53%，且多暴雨或连续性暴雨，全省尤其是五河下游和鄱阳湖地区经常发生洪涝灾害。

在雨季结束后，直到中秋节，江西省境内仍以晴热少雨天气为主。7—9 月的降雨量仅占全年总降水量的 20% 左右，赣东大部分地区小于 20%，但同期的蒸发量大，约占全年蒸发量的 40%，水分的支出明显大于补充。7—9 月省内不少地区常常出现旱灾，有些年份还会出现伏旱伴着秋干，成灾面积大，严重的旱情对农业生产有着很大的影响。

2.2.1.2　气候要素

气候要素主要包括气温、降水、蒸发等。

1. 气温

江西省属江南丘陵地区，境内下垫面区域差异较大，受季风环流形势制约，四季气温变化非常明显，气温的时空分布也较为复杂。

（1）平均气温。江西省多年平均气温为 16.2～19.7℃，最低 16.2℃（铜鼓县），最高 19.7℃（于都县），在空间分布上自北向南，南北温差约 3℃，最大达 3.5℃。九江、景德镇两市及宜春市西北部的多年平均气温为 17.5～18.3℃，鹰潭至横峰县一带均在 18℃ 以上，成为赣东北年平均气温的暖中心；吉安、赣州两市的多年平均气温为 18.0～19.5℃，赣州、信丰、于都、赣县、会昌、瑞金等县（市）的年平均气温均在 19℃ 以上。另外井冈山、庐山两地为山地气候类型，多年平均气温分别为 14.3℃ 和 11.5℃。

江西省是季风气候地区，冬夏气温差异较大，仅从年平均气温不足以说明江西省的大气热量状况，还要看其月平均气温，尤其是 1 月、4 月、7 月、10 月的数值。江西省历年各月的平均气温以 1 月为最低，7 月为最高，一般年份 7 月的平均气温要比 1 月高出 20℃ 以上。1 月多受北方冷空气影响，气温自北向南依次增高，月平均气温的南北差异较大，1 月的平均气温在赣北为 4～6℃，最大差异达 4.9℃。7 月多受太平洋副热带高压带控制，气温差异较小，同时由于地貌因素影响，月平均气温出现北高南低现象，周围山区的气温更低。全省大部分地区历年 7 月的平均气温为 28.0～29.5℃，位于赣南地区的于都县达 29.7℃，是全省的最高值；崇义、全南两县受地势影响则是全省的最低值，均为 27.0℃。江西省各地区四季平均气温详见表 2.1。

表 2.1　　　　　　　　　　江西省各地区四季平均气温一览表　　　　　　　　　单位：℃

四　　季	赣南	赣中	赣北
春季（3—5 月）	19 左右	17～18	16～17
夏季（6—8 月）	28 左右	28 左右	28 左右
秋季（9—11 月）	20.5 左右	19.5 左右	19 左右
冬季（12 月至次年 2 月）	8～9	6～8	5～7

（2）最高气温。江西省年平均最高气温的分布与多年平均气温一样，自北向南依次升高。赣北年平均最高气温为 21～23℃，赣中为 22～24℃，赣南为 23～25℃。由于地貌等因素的影响，年平均最高气温的分布并非均衡地自北向南依次递增，即使同一地区也不尽一致，如在赣西北的修水、宜丰及赣东北的婺源、景德镇各有一个高温中心，年平均最高气温为 23.1℃，而赣北的星子（现庐山市）、湖口县一带年平均最高气温仅 20℃ 左右。

江西省年极端最高气温的出现，是由该年夏季副热带高压在其上空维持的时间、强度、位置以及区域地貌状况等诸多方面因素决定的。由于每年夏季受副高控制的时间长短不一致，强度也不同，高压脊伸展的位置有所区别，年极端最高气温的分布南北差异较大。从多年出现的极端最高气温来看，赣江中、下游地区较高，大部分地区在 40℃ 以上；修水县最高达 44.9℃，为全省的最高值。在九江市的西北部地区、景德镇市、上饶市、萍乡市、永新等县（市）

也出现过 40℃以上的高温，鄱阳湖地区及赣南山区则较低。

江西省年日最高气温大于等于 35℃的历年日数，除九江市北部、鄱阳湖区和赣州东南部山区较少以外，全省大部分地区在 30～45 天。抚州、上饶两市分别有一个大于 40 天的高温中心，其中横峰县平均达 46.2 天。鄱阳湖地区及赣州东南部山区大部分在 20 天以下，安远县平均只有 8.1 天。

（3）最低气温。江西省年平均最低气温除井冈山为 10.8℃、庐山为 8.7℃外，大部分地区在 12.4～16.0℃之间。全省有两个暖区，年平均最低气温较高，分布于赣州地区与吉泰盆地、鄱阳湖地区及上饶市，其中赣州市、于都县高达 16℃，其他地区均在 14℃以上。九江市西部、宜春市西北部、景德镇市以及乐安、资溪 2 县，年平均最低气温较低，大部分地区为 12～13℃。

江西省年极端最低气温的出现与该年受冷空气影响的时间和强度密切相关，历年江西受冷空气影响的时间和强度变化很大，从而直接影响年极端最低气温分布的规律性。全省历年极端最低气温，赣州市一般为 −6.0～−4.0℃，其中崇义县为 −8.0℃；吉安、抚州两市及上饶、宜春两市南部，大部分为 −10.0～−6.0℃，其中资溪县为 −13.2℃；上饶、宜春两市北部及九江市，大部分为 −13.0～−10.0℃，其中彭泽县为 −18.9℃，是全省的最低值。

江西省历年最低气温小于等于 0℃的平均日数，除庐山站外，赣北大部分年份为 15～45 天，其中武宁县最多年份达 57 天，婺源县 65 天；赣中大部分年份为 10～35 天，其中乐安县最多，达 51 天；赣南大部分为 5～20 天，其中崇义县最多，达 41 天。

（4）积温。江西省日平均气温大于等于 10℃积温的多年平均值，大部分地区在 5300～6300℃之间，铜鼓县最小，为 5044℃，于都县最大，为 6339℃。从全省来看，九江、景德镇两市及宜春市西北部，大部分在 5300～5500℃之间；赣州市的中部、北部及南部山区均在 5000℃以上，其中于都县最高达 5490℃。

2. 降水

降水量的空间分布和时间分配直接制约着区域农业和其他生产活动。江西省各地降水的多少主要取决于冬夏季风来去迟早及强弱的变化（尤其是夏季风），另外还受地貌、地面状况等条件的影响。

（1）多年平均降水量的地区分布。江西省各地多年平均降水量介于 1341～1939mm 之间。受地貌影响，地区分布不平衡，年降水量的地区分布呈马鞍形，其总体特点可概括为：山区多，平原与盆地少；迎风坡多，背风坡少；赣东与赣南多，赣中和赣北少。多年平均降水量最大中心出现在赣东地区，最小中心出现在赣北平原和吉泰盆地。江西省五河 1956—1991 年平均年降水量见表 2.2。

表 2.2　　　　　　　　　　**江西省五河 1956—1991 年平均年降水量**

流域名称	赣江		抚河	信江	饶河		修水
水文站名	棉津	外洲	李家渡	梅港	古县渡	石镇街	永修
平均年降水量/mm	1551.7	1582.4	1712.7	1803.0	1725.3	1794.1	1571.6

（2）降水的季节分配。江西省的降水与季风活动密切相关，每年自 3—4 月起，雨量逐渐增加，5—6 月降雨猛增，7—9 月除有地方性雷阵雨及偶有台风雨带来降雨外，全省雨水稀少，10 月份至次年 2 月降水量所占比例同样很少。根据多年平均资料统计，全省 4—6 月降水量最集中，大部分地区 4—6 月降雨总量为 700～900mm（占年降水总量的 45%～50%），其中赣东多于赣西；7—9 月是省内的干旱季节，全省大部分地区 7—9 月降雨总量为 300～350mm（约占全年降水总量的 20%）。江西省四季降水量情况见表 2.3。

表 2.3　　　　　　　　　　**江西省四季降水量情况**

四　季	季降水量 /mm	降水量最大县 （市）	降水量最小县 （市）	降水量 最大中心	降水量 最小中心
春季（3—5 月）	491.6～788.3	资溪	瑞昌	赣东和赣东北	赣北平原
夏季（6—8 月）	439.3～689.1	资溪	泰和	赣东	吉泰盆地
秋季（9—11 月）	162.7～286.9	崇义	都昌	赣西南	鄱阳湖盆地
冬季 （12 月至次年 2 月）	151.5～270.1	德兴	星子	赣东北	鄱阳湖盆地北部

江西省四季降水量的变化有两个显著的特点：①春夏两季降水量最多，春季又比夏季多；秋、冬两季降水量最少，冬季又比秋季少。②春、冬相邻两季和夏、秋相邻两季的降水量差量最大，而春、夏和秋、冬相邻两季降水量差量最小；由冬季过渡到春季降水量增加最多，而由夏季过渡到冬季的降水量减少最多。

（3）降水日数。降水日数是指 24 小时降水量大于等于 0.1mm 的天数，江西省多年平均降水日数介于 138～181 天之间。降水日数的地理分布特点与降水量的分布趋势基本一致。由于江西省地貌类型复杂多样，各地区年降水日数的分布差异比较大；赣北地区为 138.3～178.1 天，赣东北地区为 162.2～182.5 天，赣西北地区为 155.6～178.1 天，赣中地区为 157.0～182.5 天，赣东地区为 158.5～165.2 天，赣西南地区为 159.7～168.6 天，赣南的龙南、定南、全南（简称"三南"地区）为 156.2～167.9 天。从全省来看，年降水日数山地多，平原少，年降水日数最多中心出现在赣东地区和赣西地区，其中资溪县最多达 182.5 天；最少中心出现在赣北北部地区，其中湖口县最少为 138.3 天。

江西各地四季降水日数同降水量一样，分配不均。春季（3—5 月）降水日数为 48.4～61.5 天，夏季（6—8 月）降水日数为 32.5～53.2 天，秋季（9—11 月）降水日数为 24.7～35.9 天，冬季（12 月至次年 2 月）降水日数为 29.4～43.5 天。以春季降水日数最多，夏季、冬季次之，秋季最少。

江西省年暴雨日数为 2.6～6.3 天，弋阳县最多，泰和县最少。就一般情况而言，年暴雨日数山地多，盆地平原地区少，全省暴雨日数最多中心出现在赣东北地区和赣东地区，最少中心出现在吉泰盆地和赣西地区。各地年暴雨日数的分布大致为：赣北地区为 3.5～6.3 天，赣东北地区为 4.7～6.3 天，赣西北地区为 3.5～5.5 天，赣中地区为 2.6～6.1 天，赣东地区为 3.8～6.1 天，赣西地区 3.0～4.7 天，赣南的"三南"地区为 4.3～4.8 天。

（4）降水强度。江西省各地各月最大降水量的分布和变化具有以下特点：①各月最大降水量的最高值出现在春、夏两季；②全年各月最大降水量的分布趋势与各月平均降水量的分布趋势基本一致。江西省各地区连日、1 日各地最大降水量见表 2.4。

表 2.4　　　　　　　江西省各地区连日、1 日各地最大降水量

项　　目	赣东北	赣北	赣西北	赣中	赣东
连日最大降水量/mm	416.2～699.2	367.5～723.2	343.6～578.1	294.2～532.3	454.1～662.8
1 日最大降水量/mm	146.9～314.9	154.3～289.0	146.8～399.7	143.1～304.5	178.2～331.4
项　　目	赣西	赣南	赣东南	赣西南	赣南"三南"
连日最大降水量/mm	360.2～658.4	392.3～684.6	429.9～686.6	442.3～703.4	500.1～650.8
1 日最大降水量/mm	136.8～271.6	120.5～218.1	129.6～223.8	121.6～182.5	181.9～239.4

江西省年连日最大降水量为 294.2～723.2mm，最大中心出现在赣北南部地区和赣西南地区，最小中心出现在吉泰盆地。江西省年 1 日最大降水量为 120.5～399.7mm，最大中心出现在赣西北东部地区、赣东北南部地区、赣东地区和赣中中部地区，最小中心出现在赣南地区和赣西南地区。

3. 蒸发

江西省多年平均蒸发量介于 1148.6～1937.3mm 之间（为 E20 型蒸发皿观测值）。在日照少、风速小的赣西北山区蒸发量很小，其中宜丰县最小，为 1148.6mm；赣西山区、赣东北山区、武夷山区蒸发量大部分在 1500mm 以下；年平均蒸发量较大区位于日照强、风速大的鄱阳湖平原地区，其中南昌最大，为 1937.3mm；赣南盆地地区的信丰、于都两县也是蒸发量的高值区。

蒸发量的大小是温度、风速、饱和差等气象因子综合影响的结果，其中气温是主要的影响因子，所以蒸发量的年变化与气温的年变化趋势大体一致。冬

季气温最低，大部分地区是在 1 月份的时候蒸发量最小，通常在 70mm 以下；春季多阴雨天气，气温不高，蒸发量较小；夏季气温高，又多遇伏旱等影响，除少数地区外，7 月份的蒸发量为全年最大月份，一般达 187.6～286.4mm；入秋以后，气温降低，蒸发量逐渐减少，但一般情况秋季蒸发量大于春季蒸发量。

2.2.2 水文分布特征

2.2.2.1 降水总体特征

1. 降水形成

江西省降水形式以降雨为主，雪、雹极少。降水的类型主要是锋面雨，其次是地形雨、对流雨和台风雨。

每年春季和初夏（大致 3 月下旬至 6 月），由于先后受西南暖湿气流（由西风带南下与亚洲南部的西南季风北上形成）和来自太平洋的东南季风的影响，全省普遍多锋面雨，特别是 6 月，冷、暖气流在江南交绥，形成丰富的梅雨，这是全省降雨最多的时节。盛夏（7—8 月），由于锋带移到北方，全省普遍少雨，常造成伏旱，局部地区偶有台风雨。秋季，全省基本被副热带高气压所控制，普遍少雨，只有深秋时冬季风南下与夏季风相遇，才形成一些秋雨。冬季，全省基本由干冷的气团控制，普遍少雨。

江西省多中低山和丘陵，迎风坡能形成一些地形雨，这也是造成江西降水地区差异的主要原因之一。在低气压控制和蒸发强烈的地区，有时会形成对流雨，尤其在下垫面植被好、含水多的地方形成对流雨的可能性更大，这也是山地、丘陵多雨的原因之一。

2. 降水地理分布

江西省大部分地区的多年平均降水量为 1400～1900mm，局部略小于 1400mm，或略大于 1900mm。受地势的影响，山区一般大于 1600mm，如怀玉山、武夷山、九岭山、罗霄山一带为江西省的 4 个多雨区，多在 1700mm 以上。其中怀玉山区普遍大于 1800mm，多雨中心略大于 1900mm；武夷山区一般大于 1800mm，且随地势抬高而增大，多雨中心达 2000mm；九岭山区一般大于 1700mm，多雨中心达 2000mm；罗霄山区大于 1700mm，最高值略大于 2000mm。此外，庐山也是多雨区之一。相反，长江南岸的彭泽附近和吉泰盆地是少雨区，多年平均年降水量小于 1500mm，少雨中心降水量小于 1400mm。

3. 降水时间变化

江西省的降水不仅空间分布不均，时间变化也较大。降水量的年际变化各地不同，总的趋势是赣南、赣北大于赣中。全省大部分地区的年降水量变差系

数 C_v 都在 0.20～0.25 之间，仅局部地区，如乐安河中下游地带和赣西的万载、宜春以西略小于 0.20，而信江中游的上饶至弋阳地段及庐山南面的永修至都昌、星子（现庐山市）一带略大于 0.25，吴城、都昌附近最大，在 0.30 以上。

江西省的最大年降水量，大部分地区为 2000～2400mm，局部山区大于 2400mm，庐山 1975 年达 3034.8mm，为全省最大年降水量最高值；吉泰盆地、长江南岸的瑞昌、彭泽一带（庐山除外）为相对低值区，瑞昌站 1969 年仅为 1742.0mm，为全省最大年降水量的最低值。

江西省的最小年降水量，大部分地区为 900～1100mm，山区略高，武夷山主峰黄岗山附近的西坑站 1978 年为 1437.3mm，为全省最小年降水量最高值；鄱阳湖区湖口、星子（现庐山市）、都昌至鄱阳一带以及泰和、遂川一带为低值区，都昌站 1978 年仅 699.1mm，为全省最小年降水量最低值。从年降水量极值比看，全省绝大部分在 2.0～2.5 之间。

江西省降水量的年内分配亦极不均匀，大部分地区降水量集中在 4—6 月，一般在 700～900mm 之间，约占全年降水量的 45%～50%。多年平均连续最大 4 个月降水量约 800～1100mm（一般为 3—6 月），占全年降水的 55%～60%，并有东部大于西部的规律。7—9 月是江西省的干旱季节，降水量一般仅 300～350mm，约占全年降水量的 20%，山区较大，局部大于 400mm，鄱阳湖平原地区则小于 300mm。多年平均各月降水量占全年降水量的百分比，一般从 1 月份的 4% 左右开始逐月上升，至 5—6 月达 17%～19%，自 7 月开始逐月下降，11—12 月仅为 3% 左右。多年平均最大月降水量与最小月降水量的比值，全省大部分地区为 5～6 左右。

2.2.2.2　降雨区划

降雨分区参考《江西省山洪灾害防治规划报告》中的山洪灾害降雨区划，该区划综合考虑了地域及气候特性等因素。采用降雨特征值结合临界雨量来进行降雨区划：①以年降雨特征值等作为一级分区指标；②以多年 24 小时降雨均值作为二级分区指标；③以山洪灾害影响最大的 6 小时暴雨及其相应的临界雨量作为三级分区指标。具体如下：

1. 一级分区

年降雨量的分布代表了各地的干湿程度和地域的差异性，是反映该地区气候特性的重要指标之一，因此选择年降雨量作为一级区划的指标。根据江西省的多年平均降水等值线图，考虑到江西省是全国多雨区之一，将规划区域划分为两个区：

Ⅰ区：年降雨量高值区，即年降雨量在 1600mm 以上区域。主要包括景德镇、上饶、鹰潭、抚州、宜春等设区市。

Ⅱ区：年降雨量中值区，即年降雨量在 1600mm 以下区域。主要包括南昌、九江、吉安、新余、萍乡、赣州等设区市。

2. 二级分区

最大 24 小时降雨量能反映一次暴雨的主体部分，在地区分布上也具有较好的代表性，能反映气候和地貌的影响，且与其他暴雨因子也存在一定程度的相关。同时，24 小时暴雨也是山丘区小流域一次洪水总量的重要组成部分。根据江西省暴雨分布情况与年最大 24 小时暴雨等值线图，结合暴雨洪水特性进行二级区划，将区域划分为两个区：

Ⅰ区：大暴雨区，即多年 24 小时平均暴雨怀玉山区高值区（赣东北）为 120～167mm、武夷山山区高值区（赣东）为 120～174mm、幕阜山山区高值区（赣西北）120～138mm、九岭山山区高值区（赣西）为 120～156mm、武功山山区较小区域高值区（赣西）为 120～140mm、以雩山为中心的高值区（赣中、东）为 120～142mm、九连山附近的较小区域高值区（赣南）为 120～136mm。

Ⅱ区：中等暴雨区，即多年 24 小时平均暴雨怀玉山区（赣东北）为 108～120mm、武夷山山区（赣东）为 99～120mm、九岭山山区（赣西）为 96～120mm、幕埠山山区（赣西北）为 94～120mm、武功山山区（赣西）为 93～120mm、雩山山区（赣中、东）为 101～120mm、吉泰盆地罗霄山脉为 90～120mm。

3. 三级分区

三级区是降雨区划的最低一级，应能反映降雨与山洪灾害更直接的信息，而 6 小时暴雨雨量占 24 小时暴雨总量的 34.8%～78.1%，在江西省中南部是反映降雨与山洪灾害的重要指标；在湖区平原占的比重稍小，赣南山区占的比重较大，且南部大于北部；同时，临界雨量和临界系数更能反映山洪灾害的严重性。因此，选用 6 小时暴雨作为三级区区划的指标，一方面能反映降雨与山洪灾害的关系，另一方面在气象发布雨情预报时，方便预警与做好人员转移；以临界系数为参考则更能反映山洪灾害实际发生状况。

Ⅰ区：山洪灾害高易发降雨区，即多年平均 6 小时暴雨怀玉山山区（赣东北）为 77～91mm、武夷山山区（赣东）为 77～91mm、九岭山山区（赣西）为 75～97mm、雩山山区（赣中、赣东）为 75～101mm、幕埠山山区（赣西北）为 68～82mm、武功山山区（赣西）为 65～82mm、罗霄山脉（遂川）为 60～78mm、九连山（赣南全南、寻乌）、会昌及瑞金为 69～89mm。

Ⅱ区：山洪灾害中度易发降雨区，即多年平均 6 小时暴雨怀玉山山区赣东北为 65～76mm、武夷山山区（赣东）为 62～74mm、九岭山山区（赣西）为 68～74mm、雩山山区（赣中、赣东）为 67～74mm、幕阜山山区（赣西北）

为 58～74mm、武功山山区（赣西）为 60～65mm、罗霄山脉（遂川）为 57～59mm、九连山（赣南全南、寻乌）、会昌及瑞金为 61～68mm。

2.2.2.3 大暴雨时空分布特征及暴雨中心

1. 大暴雨时空分布特征

江西省的大暴雨分布总体呈北多南少的趋势，北部又呈东部多于西部的趋势，以上饶市中部最多。大暴雨日在一年中分布的特点是：冬半年少，夏半年多。据统计，1960—2003 年，江西省出现大暴雨日 766 个（全省只要有一站降雨量达到标准就算一个大暴雨日），平均每年 17.6 个。大暴雨出现最多的是 1999 年，为 34 个，最少的年份是 1963 年，为 9 个。多数年份大暴雨日从 3—4 月开始，至 9—10 月结束。其中 4—6 月是大暴雨的多发期，且逐月增多，3 个月的平均大暴雨日数合计 10.3 个，约占全年的 60%，个别年份可集中大暴雨日的 90% 以上。7—9 月大暴雨主要由台风影响产生，平均大暴雨日数 3 个月合计为 6.5 个，约占全年的 37%。

根据江西省水文站点的实测数据分析可知：

(1) 江西省内最大 3 日降雨量多年平均值为 250～400mm，在万载、新干、吉水、福田、石马、宜黄、黎川一线以北地区大于 300mm，以南地区小于 300mm。全省有庐山地区、婺源至上饶地区、丰城至东乡地区和九岭山南麓地区四个高值区，以庐山植物园降雨量 1100mm 为最大，铜鼓西向站 738.7mm 次之，丰城石上站 576.9mm 居第三。

(2) 江西省内最大 24 小时降雨量多年平均值约为 200mm，在铜鼓、宜丰、樟树、吉安、渡头、南丰、黎川一线以北地区均大于 200mm，以南地区略小于 200mm。全省有庐山、潦河流域和东乡三处高值区，庐山站 705.0mm（1953 年 8 月 17 日）最大，高安樟树岭站 476.7mm（1975 年 8 月 14 日）次之，奉新澡溪站 443.9mm（1975 年 8 月 14 日）居第三。

(3) 江西省内年最大 24 小时降雨量均值变幅为 86～170mm，实测最大 24 小时降雨量一般为 200～300mm，以东乡站 500.1mm 最大，高安樟树岭站及南城马源水库站 500mm 次之。年最大 6 小时降雨量变幅为 70～90mm，实测最大 6 小时降雨量一般为 140～180mm，以修水朱溪厂站 319.4mm 最大，余江锦江站 310.0mm 次之，铜鼓西向站 298.7mm 居第三。年最大 1 小时降雨量均值变幅为 40～45mm，实测最大 1 小时降雨量一般为 70～90mm，以会昌清溪站 120.7mm 最大，景德镇南溪站 109.6mm 次之，宜黄站 105.4mm 居第三。

2. 暴雨中心

江西省的暴雨可以分为局部暴雨和地区性暴雨、区域性和大范围的暴雨两大类，暴雨几乎影响全境。主要的四个暴雨中心如下：

（1）怀玉山暴雨中心。该区位于乐安河的虎山、婺源以东、信江的贵溪、铅山、上饶、玉山以北的广大山区。

（2）武夷山暴雨中心。该区位于信江南部。资溪以东的武夷山山脉地带，与福建省北部边境形成一个高值区。该中心与地形的高程有明显关系，其年降雨量的分布随高程的增高而递增。该区西自金溪起，经上清、铁路坪、甘溪以南地区均大于 1800mm，中心区达 2000mm，出现在武夷山的主峰黄岗山地带，最高值出现在西坑站，达 2153.4mm。

（3）九岭山暴雨中心。该区位于铜鼓以东、宜丰以北、靖安以西的九岭山南麓为主的狭长地区。

（4）罗霄山暴雨中心。该区位于井冈山县境和遂川西部山区。

2.2.2.4　暴雨中心典型雨型特性研究

1. 暴雨中心和非暴雨中心典型雨型统计

为定量研究江西省四个暴雨中心的典型雨型，为滑坡发生与降雨的关联性提供依据，采取以点带面的工作模式，在江西省范围内的滑坡灾害易发区选取了 5 个县（铜鼓县、德兴县、黎川县、定南县和修水县），分别代表江西省的 4 个暴雨中心和 1 个非暴雨中心。对各暴雨中心及非暴雨中心分别选取典型雨量站进行分析，尤其针对暴雨极值及暴雨多年平均值的 6 小时、24 小时雨量进行统计分析，得出暴雨极值及多年平均值的 24 小时雨量均值概化模型及单峰概化模型。

（1）铜鼓县。铜鼓县选取了乌石、洞子、铜鼓、港口及大槽口等典型雨量站进行统计分析。由图 2.1、图 2.2 可以看出，铜鼓县最大暴雨日均值约为 15mm/h，6 小时集中降雨最大达 43mm/h；多年平均 24 小时雨量均值约为 6mm/h，6 小时集中降雨约为 17mm/h。

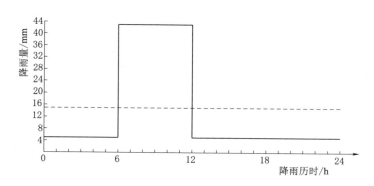

图 2.1　铜鼓县暴雨极值概化图

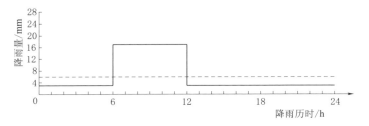

图 2.2 铜鼓县暴雨多年平均值概化图

（2）德兴县。德兴县境内雨量站较多，选取了横坑、杨村、陈坊、李宅、暖水、银山、杨林埠等典型雨量站进行统计分析。由图 2.3、图 2.4 可知，德兴县最大暴雨日均值约为 12mm/h，6 小时集中降雨最大达 34mm/h；多年平均 24 小时雨量均值约为 6mm/h，6 小时集中降雨约为 15mm/h。

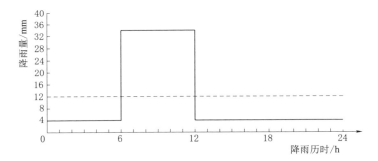

图 2.3 德兴县暴雨极值概化图

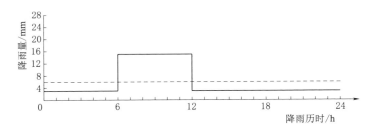

图 2.4 德兴县暴雨多年平均值概化图

（3）黎川县。黎川县境内雨量站较少，因此考虑了相邻县雨量站的数据参与统计分析。由图 2.5、图 2.6 可知，黎川县最大暴雨日均值约为 9mm/h，6 小时集中降雨最大达 23mm/h；多年平均 24 小时雨量均值约为 5mm/h，6 小时集中降雨约为 13mm/h。

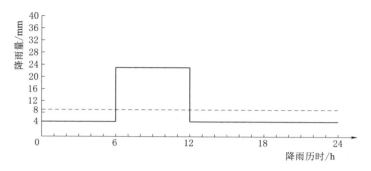

图 2.5 黎川县暴雨极值概化图

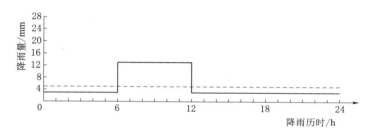

图 2.6 黎川县暴雨多年平均值概化图

（4）定南县。定南县选取了月子、胜前等典型雨量站进行统计分析。由图 2.7、图 2.8 可知，定南县最大暴雨日均值约为 9mm/h，6 小时集中降雨最大达 24mm/h；多年平均 24 小时雨量均值约为 4mm/h，6 小时集中降雨约为 11mm/h。

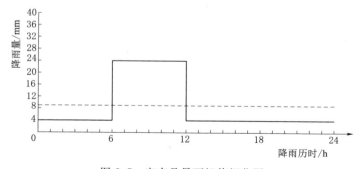

图 2.7 定南县暴雨极值概化图

（5）修水县。修水县雨量站较多，选取了白沙岭、半坑、全丰、路口、杨坊、杨树坪、红色水库、朱溪厂等 16 个典型雨量站进行统计分析。由图 2.9、图 2.10 可知，修水县最大暴雨日均值约为 14mm/h，6 小时集中降雨最大达 53mm/h；多年平均 24 小时雨量均值约为 6mm/h，6 小时集中降雨约为

15mm/h。

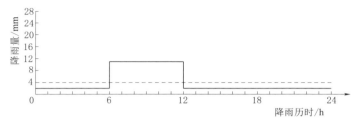

图 2.8   定南县暴雨多年平均值概化图

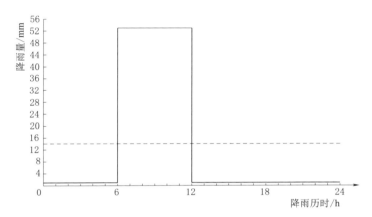

图 2.9   修水县暴雨极值概化图

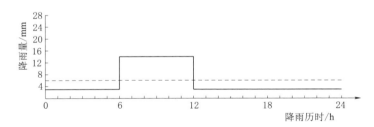

图 2.10   修水县暴雨多年平均值概化图

2. 典型暴雨情势分析

（1）雨型。江西省暴雨类型主要有锋面气旋雨、台风雨和热雷雨。暴雨水汽的主要来源有以西南方向输送水汽为主的锋面雨和以东南方向输送水汽为主的台风雨。由于气团和地形的影响，江西省的年降雨量在面上分布的总趋势是山区多于中部盆地，赣东大于赣西。三天以下暴雨分布明显存在南部小、北部大，西部小、东部大的区域差异，尤其是 6 小时、24 小时及 3 天时段，暴雨分布的南北差异更为明显。但当时段在 1 小时以下时，这种差异明显减缓。

　　赣南地区暴雨的雨势较猛，往往一开始就形成主峰，但历时较短，一般主峰在前，次峰在后。赣北地区单次暴雨的降雨量大，历时长，可达 3～5 天，一场暴雨一般有大小两个雨峰，次峰在前，主峰在后。

　　（2）雨强。

　　1）年平均降雨强度。江西省年平均降雨强度为 3.8～5.3mm/d，东部大于西部。全省各地降雨强度自西南向东北逐渐增大。

　　2）月最大降雨量。江西省各地月最大降雨量大部分地区以 5—6 月为最大。全省 4—8 月雨量大多在 600～700mm 以上，多山洪灾害；9 月至次年 2 月雨量大多小于 500mm。

　　1960—2003 年江西省各月最大降雨量见表 2.5。

表 2.5　　　　　　　　　1960—2003 年江西省各月最大降雨量

月份	最大降雨量/mm	最大与最小差/mm	月份	最大降雨量/mm	最大与最小差/mm
1	139.5～310.0	170.5	7	244.9～970.3	725.4
2	196.0～459.2	263.2	8	275.9～1100.5	824.6
3	72.8～564.2	291.4	9	171.0～504.0	333.0
4	339.0～630.0	291.0	10	151.9～452.6	300.7
5	316.2～815.3	499.1	11	129.0～420.0	291.0
6	462.0～1104.0	642.0	12	124.0～294.5	170.5

　　3）汛期（4—7 月）降雨强度。江西省汛期以 6 月降雨强度最大，5 月次之。其中 4 月平均降雨强度为 5.7～9.2mm/d；5 月平均降雨强度为 6.0～9.4mm/d；6 月平均降雨强度为 6.6～12.7mm/d；7 月平均降雨强度为 3.3～7.5mm/d。

　　4）连日最大降雨量。江西省年连日最大降雨量为 294.2～723.2mm，最大为丰城市 723.2mm，最小为万安县 294.2mm；全省最大降雨中心出现在赣北南部地区和赣西南地区，最小降雨中心出现在吉泰盆地。总体而言，东部大于西部，北部大于南部。

　　5）1 日最大降雨量。江西省 1 日最大降雨量为 120.5～399.7mm，最大出现在靖安，最小出现在南康，相差 279.2mm。最大降雨量中心出现在赣西北东部、赣东北南部、赣东和赣中中部等地区，最小降雨量中心出现在赣南和赣西南地区。靖安 1977 年 6 月 15 日降雨量为 399.7mm，为全省各站单日雨量之最。

　　6）10 分钟、30 分钟、1 小时、3 小时、6 小时最大降雨量。江西省 10 分钟最大降雨量为 19.8～39.6mm，全省大部分地区最大值以 7 月、8 月出现最多；30 分钟最大降雨量为 42.5～76.2mm；1 小时最大降雨量为 56.2～132.5mm，全省各地最大值多出现在 5 月、6 月两月；3 小时最大降雨量为 80.4～173.2mm，全省各地最大值多出现在 5 月、6 月、7 月 3 个月；6 小时最大降雨量为 95.2～230.6mm，全省各地最大值也大多出现在 5 月、6 月两个月。

（3）降雨持时。江西省年最长连续降雨日为 15～36 天，丘陵、山地长于河谷、平原，南部长于北部。最长出现在井冈山，最短出现在彭泽，两者相差 21 天，全省降雨日平均为 23.5 天。全省大部分地区年最长连续降雨日数的最大值多出现在春季和汛期，以 4 月、5 月最多。江西省降雨量不小于 50mm 的年平均暴雨日数为 3.0～7.2 天，丘陵山地多于平原盆地。全省暴雨日数以赣东北地区和赣东地区最多，吉泰盆地和赣西地区最少。历年最多年暴雨日数为 13～18 天，以婺源和德兴 1983 年的 18 天为最多。

江西省 1960—2003 年（1—11 月）大暴雨日数见表 2.6。

表 2.6　　　　　江西省 1960—2003 年（1—11 月）大暴雨日数

月份	大暴雨日数/d	平均大暴雨日数/d	占总大暴雨日数/%	月份	大暴雨日数/d	平均大暴雨日数/d	占总大暴雨日数/%
1	1	0.02	0.1	7	122	2.77	15.9
2	1	0.02	0.1	8	116	2.64	15.1
3	11	0.25	1.4	9	46	1.05	6.0
4	46	1.05	6.0	10	22	0.50	2.9
5	129	2.93	16.8	11	5	0.11	0.6
6	277	6.30	36.2				

2.3　滑坡特点及其主要诱因

2.3.1　滑坡的特点

据已有资料统计分析，江西省的自然边坡滑坡具有以下特点：

（1）滑坡各地均有发育，但分布极不均匀。江西省已调查到的滑坡共 6887 处。以宜春、抚州、赣州、上饶、吉安、九江等设区市为多，前三市滑坡分别为 1370 处、1382 处、1306 处，后三市滑坡分别为 794 处、872 处、619 处。

（2）滑坡规模以小型为主。据统计，体积小于 1 万 m³ 的小（2）型滑坡占滑坡总数的 91.96%，体积 1 万～10 万 m³ 的小（1）型占滑坡总数的 6.37%，大于 10 万 m³ 的滑坡仅占滑坡总数的 1.65%。

（3）以土体滑坡为主。因土体固结性差，密实度低，物理力学性质不均一，多位于地表浅部，受自然、人为因素影响，较易产生滑坡。据统计，土体滑坡占滑坡总数的 85.6%。

（4）滑坡多发生在雨季。滑坡主要由过程降雨、暴雨、大暴雨诱发。汛期是发生滑坡的集中时期。据统计，发生于 5—7 月的滑坡占滑坡总数的 87%，其中降雨诱发的滑坡占滑坡总数的 80% 以上。

（5）山地是滑坡多发区。据统计，山地发生滑坡的处数和体积分别占滑坡总数的 83.50%、89.15%，其中中低山丘发生滑坡的处数和体积分别占滑坡总数的 55.45%、61.63%。

（6）极硬岩区、次极硬岩区是滑坡重点发育区。在极硬岩区发生的次数及体积分别占滑坡总数的 41.21% 和 27.76%；在次硬岩区发生的处数与体积分别占滑坡总数的 43.20%、55.37%。

（7）以浅层滑坡为主。地表浅部受降雨量及人为活动影响显著，易诱发滑坡。据调查统计，浅层滑坡占滑坡总数的 85.98%。

（8）从滑体滑动结构分，以整体式滑动为主，滑崩式滑动次之。据统计，整体式滑动的占滑坡总数的 69.07%，滑塌式滑动的占滑坡总数的 23.70%，解体式滑动的占滑坡总数的 6.28%，另有碎屑滑动 5 处，气垫效应滑动 1 处。

（9）具有多次活动的特点。如横峰县上坑源黄栗坑滑坡，1894 年、1935 年、1989 年多次发生滑动；宜丰县黄岗乡茜坑口滑坡，1920 年滑动一次，1998 年又再次滑动。

（10）单个滑坡几何形态一般呈圈椅形，平面形态以条形、不规则形为主，剖面形态多呈阶梯状。

（11）人类活动干预后的滑坡占很大比重。随着经济建设的加快，人类工程活动日益频繁，建房、修路、采矿、水渠、水库等工程在修建的过程中，破坏了山体的自然稳定，人为地改变了斜坡的自然平衡，从而引发滑坡。

（12）近年来滑坡灾害有日趋严重的趋势。1990 年以来发生的滑坡、泥石流占滑坡总数的 87.25%；1998 年以来发生的滑坡、泥石流占滑坡总数的 68.15%。其中 1998 年发生的滑坡、泥石流占滑坡总数的 36.45%，1999 年发生的滑坡、泥石流占滑坡总数的 4.59%，2000 年发生的滑坡、泥石流占滑坡总数的 4.25%，2001 年发生的滑坡、泥石流占滑坡总数的 5.39%，2002 年发生的滑坡、泥石流占滑坡总数的 16.19%。由此可见，江西省发生滑坡、泥石流有日趋严重的趋势，其主要原因就是近年来人类工程活动的增多，破坏了山体的自然稳定，诱发了较多的滑坡、泥石流灾害。

2.3.2 滑坡的主要诱因

滑坡形成的因素很多，但滑坡的形成有三个基本条件：地表的临空面、软弱的滑动面及易滑岩土体。地质环境、诱发因素则是通过改变或加剧这三个条件而影响滑坡的形成与发展。

1. 地形地貌

地貌类型对地质灾害的发育和空间分布位置起明显的控制作用。中低山与其毗邻的丘陵地形条件复杂、沟谷深切、高差大、临空面发育，沟谷侵蚀和岩体重力卸荷作用强度大，是滑坡的多发区。江西省九岭山、怀玉山、武夷山中北段等中低山区，由于山势雄伟高大，阻拦季风及台风，易形成强降雨，容易引发滑坡灾害。

2. 岩土类型

江西省内易滑地层主要有前震旦系与震旦系的千枚岩、片岩、板岩等组成的变质岩岩组、不同期次中粗粒结构的侵入花岗岩类、软硬相间的一般碎屑岩类及松散残坡积物。变质岩组因经历多次构造变动，褶皱、断裂发育，岩体完整性差；中粗粒花岗岩类易风化，球状风化较发育，风化料多为砂性土，结构松散，全风化层厚度一般 2～20m，最大达 50～70m；软硬相间的一般碎屑岩类，软弱夹层多，遇水易泥化，力学强度低。

上述岩组由于不良结构面发育、岩性差异大，在水的作用下往往顺着临空面，沿着基岩与风化层的分界面，在残坡积层的不同岩性界面、节理、裂隙、断裂等结构面产生滑坡。

3. 地质构造

江西省内褶皱、断裂构造较发育，在褶皱轴部、转折端，断裂带及其两侧，节理裂隙发育、岩石破碎、风化层厚、地下水作用强、力学强度低，滑坡较为发育。江西省的滑坡分布与 NE 向和 NNE 向褶皱断裂关系比较密切。

4. 地下水的作用

地下水对滑坡的形成有两方面的作用：①使滑动带岩土体含水量增高，塑性变形加强，渗透压力增加，或者导致软弱夹层的软弱或者对节理、裂隙或层面等结构面起润滑作用，从而降低滑动面的抗滑力；②使岩土体容重增大，或产生潜蚀作用，从而增大了滑体的下滑力。随着下滑力的增大，抗滑力的降低，滑体平衡打破，滑坡也就发生。

江西省内大多数的滑坡的形成、发生都有地下水的参与，滑坡前缘多有泉水出露，或开挖有民井。一些地面坡度小于 10°，人工切坡高 1～2m 的平缓坡也会发生滑坡，就是地下水在其中起主要的作用。

5. 降雨

暴雨是斜坡产生滑坡的重要诱发因素，滑坡的发生数量、规模与年（月）降雨量，特别是持续过程降雨、暴雨量等关系十分明显。降雨对滑坡形成的作用主要是通过补给地下水、土壤水、增大岩土体容重、减小滑动面摩擦力来实现的。降雨对滑坡的影响主要表现在以下几个方面：①强降雨的分布区域决定滑坡的群发区；②降雨的周期性在很大程度上决定一个地区发生滑坡的周期；③持续性降雨、暴雨时间决定了滑坡的发生时间；④灾害的发生多与降雨同步，少数是滞后的；⑤滑坡多发育在暴雨中心及临近斜坡地带。

6. 人类活动

建房、修路、开矿及水利建设等人类工程经济活动，不仅可构成临空面、形成滑动面，弃土弃石也可组成滑坡体。

2.3.3 降雨特性与自然边坡失稳关系分析

暴雨是产生滑坡的重要诱发因素，滑坡的发生数量、规模与持续过程降雨、暴雨量等关系十分明显。经对江西省有降雨资料的 460 个滑坡统计分析，发现江西省自然边坡失稳与降雨特性有如下关联性。

1. 暴雨基本可决定滑坡发生的时间

当日降雨量大于 50mm 时，发生滑坡的比例为 87%，其中降雨量为 100～400mm 时，发生滑坡的比例为 70%。滑坡发生时，当日的平均降雨量约为 109mm。

2. 连续性降雨和降雨总量是滑坡发生的重要因素之一

4—9 月是江西省的汛期，连续性降雨或突发性强降雨时有发生，且过程雨量较大。发生于 4—9 月的滑坡数分别占总数的 1.74%、5.87%、70.21%、12.61%、2.83%，各月发生滑坡的百分比与当月降雨量基本成正相关。

3. 滑坡灾害发生多与降雨同步，少数滞后

与当日或前期连续降雨量同步发生的滑坡占 92.7%，滞后降雨发生的滑坡占 7.3%，滞后期最长 8 天，一般 1～3 天。

4. 滑坡多发育在暴雨中心及邻近斜坡地带

从江西省的年均暴雨日数分布区看，年暴雨日数 5～6 天区较易发生滑坡，其处数、体积占总数的 47.14%、57.92%；其次是年暴雨日数 4～5 天区，处数、体积占总数的 30.29%、21.38%。由此可见，易发区主要集中在年暴雨日数大于等于 5 日区。

5. 当日强降雨与滑坡发生的关系密切

对 20 世纪 90 年代的 136 个滑坡进行统计后发现，当日 1 小时最大雨量在 10mm/h 以上，甚至 20mm/h 以上时，易产生滑坡（当日产生滑坡的频率为

57.35％）。说明滑坡不仅与当日总雨量有关，而且与当日 1 小时最大雨量关系紧密。

由上述统计资料可见，绝大多数的滑坡是发生在降雨期间或降雨之后，降雨对滑坡灾害的诱发作用不仅与当日雨量有关，亦与前期过程降雨量有关，但前期降雨量对当日的影响程度不同。此外，一个地区的滑坡发育程度有随雨量增加而增强的规律。

第 3 章

江西省典型自然边坡物理力学
特性及概化模型

3.1 自然边坡几何特性

滑坡灾害的形成受地质环境和外动力因素制约和控制。地质环境包括地形地貌、地层岩性和地质构造等，是滑坡灾害孕育、形成和发生的物质基础。外动力因素又有自然因素和人为因素。自然因素如降雨和地震等，是发生滑坡灾害的重要诱发因素；人为因素如水利、矿山、交通等人类工程活动，不仅是滑坡灾害发生的主要诱发因素，而且能改造地质环境，是最活跃、最有影响的外动力因素。不同地质环境和外动力环境下的自然边坡会出现不同类型的滑坡灾害，其发育分布特征也是不同的。

本章主要选取江西省境内已发生滑坡的典型自然边坡，对其几何特性和岩土层结构特点、物理力学特性等进行研究，得出江西省典型自然边坡的概化模型和滑坡预报模型，为研究因降雨引起自然边坡稳定性变化的量化计算奠定基础。

3.1.1 地形地貌

一般而言，只有处于一定的地貌部位，具备一定坡度的斜坡，才有可能发生滑坡。一般江、河、湖（水库）、海、沟的斜坡以及前缘开阔的山坡、铁路、公路和工程建筑物的边坡等都是易发生滑坡的地貌部位。据统计，坡度大于 $10°$、小于 $45°$，下陡中缓上陡、上部成环状的坡形是产生滑坡的有利地形。

江西省地貌类型较为齐全，境内北部较为平坦，东西南部三面环山，中部丘陵起伏，常态地貌类型以山地和丘陵为主。全省土地总面积为 16.69 万 km^2，其中，山地面积为 6.01 万 km^2（包括中山和低山），占全省总面积的

36%；丘陵面积为 7.01 万 km² （包括高丘和低丘），占全省总面积的 42%；岗地和平原面积为 2.00 万 km²，占全省总面积的 12%，水面面积为 1.67 万 km²，占全省总面积的 10%。

江西省是我国地质灾害易发、多发省份之一。据统计，江西省地质灾害易发区、次易发区面积分别占国土面积的 44% 和 34% （合计占 78%），见图 3.1。其中，山地发生滑坡的数量和体积分别占总数的 83.50% 和 89.15%，中低山丘发生滑坡的数量和体积分别占总数的 55.45% 和 61.63%，发生地以宜春、抚州、赣州、上饶等设区市为多。九岭山、怀玉山、武夷山中北段等中低山区，由于山势雄伟高大，阻挡季风及台风，易形成强降雨，容易引发滑坡灾害（图 3.2）。

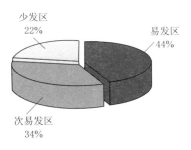

图 3.1　江西地质灾害易发程度分配图

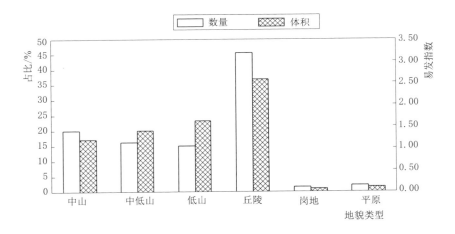

图 3.2　江西省不同地貌滑坡分布图

3.1.2　地质构造

组成斜坡的岩土体只有被各种构造面切割分离成不连续状态时，才有可能形成向下滑动的条件。同时，构造面又为降雨等水流进入斜坡提供了通道，因此各种节理、裂隙、层面、断层发育的斜坡，特别是当平行和垂直斜坡的陡倾角构造面及顺坡向缓倾角构造面发育时，最易发生滑坡。

江西省内褶皱、断裂构造较发育，在褶皱轴部、转折端，断裂带及其两侧，节理裂隙发育、岩石破碎、风化层厚、地下水作用强、力学强度低，滑坡最为发育。滑坡的分布与 NE 向和 NNE 向褶皱断裂关系比较密切。经对江西省与断裂构造关系密切的 203 处滑坡统计分析可知：发育在 NE 和 NNE 向构造带上的占 54.6%；NW 和 NNW 向断裂带上的占 35.5%；其他构造方向仅占 9.9%。由此可见，江西省大部分滑坡发育在武夷山、九岭和怀玉山等构造上升区。

3.1.3　滑坡发育坡度和标高统计

边坡坡度是形成滑坡的主要条件之一。经对江西省有坡度资料的 636 处滑坡统计分析可知，滑坡发生在坡度大于 45° 的斜坡，占总数的 26.2%，且多为人工切坡；滑坡发生在坡度为 35°～45° 的斜坡，占总数的 25.8%；滑坡发生在坡度为 20°～35° 的斜坡，占总数的 40.1%；而滑坡发生在坡度小于 20° 的斜坡，仅占总数的 5.9%。按平均地面坡度统计，较陡区滑坡处数、体积分别占总数的 35.41% 和 43.2%，陡区滑坡处数、体积分别占总数的 22.77% 和 27.30%，平缓区滑坡处数、体积分别占总数的 41.52% 和 29.44%。

不同地面标高段，其滑坡发育程度和个数也不同。经对江西省有地面标高资料的 656 处滑坡统计分析可知，滑坡发生在高程大于 500.00m（黄海高程，下同）的斜坡，占总数的 7.61%；滑坡发生在高程 400.00～500.00m 的斜坡，占总数的 7.62%；滑坡发生在高程 100.00～400.00m 的斜坡，占总数的 75.47%（其中，滑坡发生在高程 100.00～200.00m、200.00～300.00m 和 300.00～400.00m 的斜坡，分别占总数的 24.54%、12.65% 和 38.28%）；滑坡发生在高程小于 100.00m 的斜坡，占总数的 9.30%。

3.2　自然边坡岩土体组成及分布特征

3.2.1　岩土体组成

岩土体是产生滑坡的物质基础。一般来说，各类岩土都有可能构成滑坡体，其中结构松散、抗剪强度和抗风化能力较低、在水的作用下其性质能发生变化的岩体和土体，如松散覆盖层、黄土、红黏土、页岩、泥岩、煤系地层、凝灰岩、片岩、板岩、千枚岩等及软硬相间的岩层所构成的斜坡易发生滑坡。

据调查和相关资料统计，江西省境内的极硬岩区、次极硬岩区是滑坡重点发育区。其中，在极硬岩区发生滑坡的数量及体积分别占江西滑坡总数的 41.21% 和 27.76%；在次硬岩区发生滑坡的数量与体积分别占江西滑坡总数的 43.20%、55.37%。其中以板岩、千枚岩（B1）以及火成岩（侵入岩，Y2）等岩组发生滑坡的次数居多，板岩、千枚岩岩组滑坡数量、体积分别占江西滑坡总数的 29.06% 和 41.99%，花岗岩岩组滑坡数量、体积分别占江西滑坡总数的 33.77% 和 18.21%。图 3.3 中 T2 为灰岩和白云岩岩组，S4 为软硬相间砂岩页岩岩组，S2 为泥岩岩组，S5 为页岩岩组。

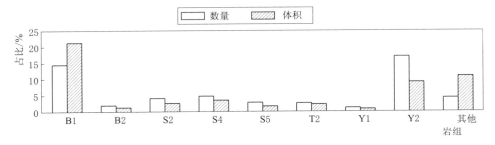

图 3.3　江西省不同岩组区滑坡发育分布图

由此可见，江西省境内的花岗岩和变质岩区是滑坡、泥石流的重点发育区。例如，黎川县洵口镇渠源新村滑坡体为中粗粒花岗岩残坡积层，风化深度大于 10m，坡度为 35°～45°，曾因滑动转化为泥石流造成近 70 人死亡，冲毁房屋数间；铅山县武夷山镇岑源村下莲花塘滑坡体为花岗岩残坡积层，厚为 5～10m，体积约为 1 万 m³。目前滑体顶部裂缝长 25m，宽 0.3～0.4m，深约 2m，坡脚滑移距离为 6～8m，危及下莲花塘村 60 余户约 240 人的生命财产安全；铜鼓县新城区何家洞滑坡位于粗粒花岗岩地区，残坡积层为含巨大漂石极松散的碎石土；德兴双溪电站滑坡体地层岩性为变质砂岩，上覆残坡积层为粉质黏土；黎川县厚村乡政府滑坡体位于花岗闪长岩区；金溪县气象局滑坡体地层岩性为寒武系千枚状板岩和花岗闪长岩；定南县岭北镇龙头村滑坡体地层为燕山晚期中粗粒黑云母花岗岩；修水县漫江乡沙溪村太阳岭下滑坡体地层岩性为前震旦系双桥山群砂岩；莲花县金城大道滑坡体地层岩性为二叠系茅口组下段钙质页岩等。

3.2.2　岩土体分布特征

在江西省几个暴雨中心地区，基岩上面的覆盖层通常为崩坡积和残坡积层。这些崩积物、残积物的颗粒大小相差悬殊，结构松散，透水性强；土体固结性差，密实度低，物理力学性质不均一，雨季易产生滑坡、泥石流等地质灾害。具体案例见图 3.4～图 3.12。

由这些案例可以看出，在江西省的典型自然边坡中，以基岩上覆崩坡积和

图 3.4　宜丰县黄岗滑坡

（坡高 40m，平均坡度 35.8°，红黏土）

图 3.5　遂川县群发性滑坡、泥石流

（坡高 15～55m，平均坡度 20°～35°，碎石土）

图 3.6　上饶县朝阳乡下源村滑坡

（坡高 30m，平均坡度 50°，花岗岩风化碎石土）

图 3.7　黎川县厚村乡焦陂村滑坡

（坡高 60m，平均坡度 40°，土石混合体）

图 3.8　宜春市金瑞滑坡

（坡高 35m，平均坡度 38°，土石混合体）

残坡积层最为常见，其母岩一般为花岗岩、千枚岩、页岩、变质砂岩等，分布厚度自数米至数十米不等，其普遍特性为：颗粒大小相差悬殊、结构松散、透水性强、密实度和抗剪强度低。

图 3.9　黎川县洵口镇源新村滑坡
（坡高 30m，平均坡度 35°~45°，
中粗粒花岗岩残坡积层）

图 3.10　遂川县泉江镇下坑村
下塘组滑坡
（坡高 10m，平均坡度 50°，残坡积层）

图 3.11　遂川县泉江镇共同村龙源组滑坡
（坡高 15m，平均坡度 25°，红黏土）

图 3.12　永丰县沙溪镇白沙潭村后山体滑坡
（坡高 50m，平均坡度 40°，碎石土）

3.3　典型自然边坡物理力学特性

为了更好地定量研究江西省的典型自然边坡因降雨导致安全系数降低或失稳的内在机制，开展滑坡发生与降雨关联性的分析研究，本书在江西省的 4 个暴雨中心和 1 个非暴雨中心的滑坡灾害易发区中分别选取了 1 个典型滑坡体来开展研究。这 5 个典型滑坡体分别是铜鼓县新城区何家洞滑坡、德兴市双溪电站滑坡、黎川县厚村乡政府滑坡、定南县岭北镇龙头村滑坡和修水县漫江乡沙溪村太阳岭下滑坡。

2004 年 4—9 月，江西省气象局曾对这 5 个滑坡体的地下水位、孔隙水压力、滑带土应力以及滑坡体位移进行了实时监测，取得了一定量的监测数据。基于上述资料和有关历史资料，同时结合现场调研、踏勘以及相关统计分析数据，分别对上述 5 个典型滑坡体的岩土层物质组成和物理力学特性进行分析研究，以期为边坡概化模型的建立和降雨过程稳定性计算参数的选取提供可靠依据。

3.3.1　典型滑坡 1——何家洞滑坡

3.3.1.1　地质环境

何家洞滑坡体位于铜鼓县新城区城郊林场何家洞南 100m 处，地理坐标为东经 114°21′39″，北纬 28°30′26″。

该区域为侵蚀剥蚀山丘陵地形，沟谷地面标高为 250～300m，山顶高程为 400～500m，相对高差为 150～200m，山坡坡度一般为 25°～30°。地层岩性为雪峰期花岗闪长岩和粗粒花岗岩，残坡积层由巨大漂石、极松散碎石土组成，漂石为球状风化花岗岩，直径大者达 2～4m，残坡积层厚为 10～16.4m。滑坡点处为陡坡，总体坡度约为 26°，坡面自上而下呈陡—缓—陡—缓的变化，略呈凹形。滑面坡面主要为菜蔬瓜果种植地，滑面后缘及周边一带植被覆盖率达 80% 以上。滑坡体中部及趾部有下降泉出露，流量约为 0.5L/s。

3.3.1.2　滑坡体特征

该滑坡体于 1998 年前出现拉张裂缝，1998 年 7 月 25 日暴雨时发生滑动。滑壁顶部高程约 375m，滑壁高约 10m，坡度 60°。经现场勘察，滑动面位于残坡积土内，埋深为 6～10m，属于层内错动滑坡，滑带土黏聚力为 18.0～22.0kPa，内摩擦角为 26.0°～33.0°。滑体上部宽约为 55m，中下部宽约 70m，平均宽约 60m。滑体上部厚约 6m，平均厚约 8m，水平长度约 160m，滑坡面积为 9600m²，体积约为 7.6 万 m³，滑向 305°，滑距约为 20m。

3.3.1.3　滑坡体物理力学参数统计分析

现场踏勘及室内土工试验表明，该滑坡体残坡积土为细粒土，呈红褐、黄褐色，表部松散状，下部稍密状，层底埋深为 10～16.4m，垂直渗透系数为 1.08×10^{-4}～8.16×10^{-4}cm/s。颗粒组成见表 3.1，物理力学性质见表 3.2。

表 3.1　　　　　　　　　典型滑坡 1 土体颗粒组成统计表

样号	取样深度 /m	粒径范围/mm						
		10～5	5～2	2～0.5	0.5～0.25	0.25～0.1	0.1～0.075	<0.075
		颗粒百分比/%						
1	4.8～5.0	3.40	13.33	16.15	9.36	10.67	3.56	43.53
2	8.0～8.2	1.21	13.64	20.89	11.26	14.40	4.51	34.09
3	8.3～8.5	—	4.78	19.52	14.62	17.81	3.96	39.31
4	0.1～0.2	—	4.80	15.33	25.22	18.94	5.28	30.42

表 3.2　　　　　　　　　　典型滑坡 1 土体物理力学指标统计表

项　目	平均值	标准差
湿密度/(g/cm³)	1.90	0.075
干密度/(g/cm³)	1.50	0.091
孔隙比	0.80	0.101
液限/%	30.20	2.350
塑限/%	18.70	2.460
塑性指数	11.50	1.230
液性指数	0.40	0.304
黏聚力/kPa	18.0～22.0	
内摩擦角/(°)	26.0～33.0	
渗透系数/(cm/s)	1.08×10^{-4}～8.16×10^{-4}	

由表 3.1 和表 3.2 可知,该滑坡体主要由花岗岩风化料组成,具中等透水性,塑性指数均值仅为 11.50,黏结性差。其突出物理力学性质为:颗粒大小相差悬殊、结构松散、密实度和抗剪强度低,是江西省典型的花岗岩风化物滑坡体。

3.3.2　典型滑坡 2——双溪电站滑坡

3.3.2.1　地质环境

双溪电站滑坡体位于德兴市双溪电站办公楼后,地理坐标为东经 $117°42'19''$,北纬 $28°50'32''$。

该区域为侵蚀剥蚀山丘陵地形,沟谷地面高程为 150～260m,山顶高程为 250～510m,相对高差为 100～250m,山坡坡度一般为 15°～30°。地层岩性为变质砂岩,残坡积层为粉质黏土,含块石,厚度大于 8m。滑坡点处为缓坡,总体坡度约为 15°,坡面呈凹形。汇水面积约为 3600m²,滑体前缘有切坡,高 3.8m,坡度约为 80°。1989 年滑坡发生后,滑体上修有树枝状排水沟,切坡处修厚 0.8m 的挡土墙,但挡土墙未进入滑面以下。滑坡体趾部有下降泉出露,流量约为 0.2L/s。

3.3.2.2　滑坡体特征

该滑坡体于 1989 年出现滑坡迹象,顶部拉裂缝宽 6cm,可见深 2.0m,呈弧形,滑坡前缘挡土墙及房屋开裂、外凸,房内地面隆起。滑坡体长约为 180m,宽约为 90m,厚 2～6m（平均约 4m）,体积约为 6.5 万 m³,总体坡度为 15°。滑面为残坡积粉质黏土层内剪切带,埋深 2～6m,滑面粉质黏土可塑至软塑状,黏聚力为 8.5～11.0kPa,内摩擦角为 14.0°～16.5°。1989 年治理后,滑坡体滑移有所改善,但滑体前缘挡土墙仍有蠕滑现象。

3.3.2.3　滑坡体物理力学参数统计分析

踏勘及室内土工试验表明，该滑坡体表层为残坡积层粉质黏土，灰黄色，软塑状，含棱角状块石，其母岩成分为变质砂岩，块石含量为 25%，层底埋深大于 8m，颗粒组成见表 3.3，物理力学性质见表 3.4。

表 3.3　　　　　　　　　　典型滑坡 2 土体颗粒组成统计表

样号	取样深度 /m	粒径范围/mm						
		10～5	5～2	2～0.5	0.5～0.25	0.25～0.1	0.1～0.075	<0.075
		颗粒百分比/%						
1	4.8～5.1	—	2.11	12.07	4.13	7.66	2.07	71.96
2	0.2～0.5	5.61	2.36	2.21	1.51	2.81	0.88	84.62

表 3.4　　　　　　　　　　典型滑坡 2 土体物理力学指标统计表

序号	项目	数值	序号	项目	数值
1	含水率/%	37.7～46.9	8	塑限/%	29.8～33.1
2	湿密度/(g/m³)	1.66～1.78	9	塑性指数	16.1～18.1
3	干密度/(g/m³)	1.13～1.29	10	液性指数	0.24～0.96
4	土粒比重	2.74～2.75	11	压缩系数/MPa⁻¹	0.41～0.57
5	孔隙比	1.202～1.425	12	压缩模量/MPa	4.25～5.37
6	饱和度/%	86.3～92.2	13	垂直渗透系数/(cm/s)	$2.36×10^{-4}～$ $6.76×10^{-5}$
7	液限/%	47.6～51.9			

由表 3.3 和表 3.4 可知，该滑坡体主要由变质砂岩风化物组成，坡体为残坡积粉质黏土，块石含量为 25%，孔隙比达 1.20 以上，结构松散、密实度和抗剪强度低是这一类型滑坡体的突出特性，是牵引式滑坡的典型代表。

3.3.3　典型滑坡 3——厚村乡政府滑坡

3.3.3.1　地质环境

厚村乡政府滑坡体位于黎川县厚村乡政府后，地理坐标为东经 117°04′3″，北纬 27°27′13″。

该区域为丘陵侵蚀剥蚀地形，沟谷地面高程为 170.00～250.00m，山顶高程为 350.00～510.00m，相对高差为 250～300m，山坡坡度一般为 15°～30°。地层岩性为花岗闪长岩，表层为残坡积土，呈可塑状，厚为 4～6m。滑坡点处为陡坡，坡度总体为 25°～30°。坡面呈凸形，植被于 2003 年冬被烧毁。滑坡点及其附近未见地下水出露。

3.3.3.2　滑坡体特征

该滑坡体于 1998 年 6 月 22 日发生滑坡，滑坡体长约 120m，宽约 42m，厚2～3m，滑坡体总体坡度为25°，面积约为5000m²，体积约为1.2万m³，滑带土黏聚力为12kPa，内摩擦角为19°。滑坡发生前无人工切坡等现象。目前，滑坡体及滑坡后缘尚无明显变形迹象，但滑坡后缘土体不稳定，仍见拉裂缝，在降雨的诱发下有进一步发生滑坡的可能。

3.3.3.3　滑坡体物理力学参数统计分析

踏勘及室内土工试验表明，该滑坡体为花岗岩残坡积土，呈黄色、可塑状，层底埋深2～4m，其中全风化带呈红黄色，原岩结构可见，手捻易碎。颗粒组成见表3.5，物理力学性质见表3.6。

表3.5　　　　　　　　　典型滑坡3土体颗粒组成统计表

样号	取样深度/m	粒径范围/mm						
		10～5	5～2	2～0.5	0.5～0.25	0.25～0.1	0.1～0.075	<0.075
		颗粒百分比/%						
1	0.7～1.0	—	2.23	3.22	2.70	6.18	3.29	82.28

表3.6　　　　　　　　　典型滑坡3土体物理力学指标统计表

序号	项目	数值	序号	项目	数值
1	含水率/%	33.4～47.0	8	塑限/%	28.0～37.2
2	湿密度/(g/m³)	1.71～1.72	9	塑性指数	14.5～15.0
3	干密度/(g/m³)	1.17～1.28	10	液性指数	−0.09～1.31
4	土粒比重	2.73	11	压缩系数/MPa⁻¹	0.39～0.61
5	孔隙比	1.130～1.330	12	压缩模量/MPa	3.28～5.46
6	饱和度/%	80.7～96.2	13	垂直渗透系数/(cm/s)	$5.32×10^{-6}$～$1.27×10^{-4}$
7	液限/%	52.0～52.5			

由表3.5和表3.6可知，该滑坡体主要由花岗岩风化物组成，孔隙比大于1.10，突出特性为结构松散、密实度和抗剪强度低，是江西省暴雨中心沿基岩接触面滑动（顺层滑坡）的典型代表。

3.3.4　典型滑坡4——龙头村滑坡

3.3.4.1　地质环境

龙头村滑坡体位于定南县岭北镇龙头村，地理坐标为东经115°06′56″，北纬24°59′10″。

该区域为侵蚀低山地形，沟谷地面高程为320～350m，山顶高程为450～580mm，相对高差为120～230m，山坡坡度为25°～40°，地层岩性为燕山晚期中粗粒黑云母花岗岩。滑坡点处为缓坡，坡面呈凸形，坡高为19.0m，坡度约为 24°。坡面植被覆盖率约为 30％，滑坡体趾部在平水期和丰水期均有下降泉出露，流量约为 0.01L/s。

3.3.4.2　滑坡体特征

该滑坡体于 2001 年 6 月发生滑坡，滑坡体长约 30m，宽约 27m，面积约为 810m²，体积约为 1620m³，滑坡体总体坡度为 20°，滑面为层内剪切面，滑带土饱和状态黏聚力为 1～10kPa，内摩擦角为 8°～11°。原边坡坡脚有人工切坡约为 1.7m，坡度约为 75°，现人工切坡已被滑坡夷平。滑坡体尚未完全稳定，在强降雨作用下仍有滑动的可能。

3.3.4.3　滑坡体物理力学参数统计分析

踏勘及室内土工试验表明，该滑坡体由残坡积粉质黏土组成，呈黄褐至黄色，可塑状，厚度大于 5m，表部松散状，垂直渗透系数为 5.67×10^{-3}cm/s。颗粒组成见表 3.7，物理力学性质见表 3.8。

表 3.7　　　　　　　　　典型滑坡 4 土体颗粒组成统计表

样号	取样深度/m	粒径范围/mm						
		10～5	5～2	2～0.5	0.5～0.25	0.25～0.1	0.1～0.075	<0.075
		颗粒百分比/%						
1	0.3～0.6	—	—	1.38	6.36	9.99	2.7	63.36

表 3.8　　　　　　　　　典型滑坡 4 土体物理力学指标统计表

序号	项目	数值	序号	项目	数值
1	含水率/%	16.5	8	塑限/%	13.5
2	湿密度/(g/m³)	2.05	9	塑性指数	13.2
3	干密度/(g/m³)	1.76	10	液性指数	0.23
4	土粒比重	2.72	11	压缩系数/MPa⁻¹	0.26
5	孔隙比	0.546	12	压缩模量/MPa	5.95
6	饱和度/%	82.6	13	垂直渗透系数/(cm/s)	5.67×10^{-3}
7	液限/%	26.7			

由表 3.7 和表 3.8 可见，该滑坡体主要由花岗岩风化物组成，具中等至强透水性，塑性指数均值 13.20，黏结性差。其特性为：颗粒大小相差悬殊、密实度较高、渗透性强和抗剪强度低，是江西省又一花岗岩风化物层内错动滑坡体的典型代表。

3.3.5　典型滑坡 5——太阳岭下滑坡

3.3.5.1　地质环境

太阳岭下滑坡体位于修水县漫江乡沙溪村太阳岭，地理坐标为东经

114°22′37″，北纬 28°45′45″。

该区域为侵蚀低山地形，沟谷地面高程为 350～400m，山顶高程为 500～900m，相对高差为 150～500m，山坡坡度为 25°～45°。地层岩性为前震旦系双桥山群砂岩，滑坡点处为陡坡，坡面呈直线形，坡高约为 280m，坡度约为 38°，坡面植被覆盖率为 90%，滑坡点及其附近未见地下水出露。

3.3.5.2 滑坡体特征

该滑坡体于 1998 年 6 月发生斜坡变形，在上部、下部发生多条拉张裂缝，但未发生整体移动，上部拉裂缝长约 250m，宽约 1m；下部拉裂缝长约 120m，宽约 1m，深 3～4m。斜坡下部常发生崩落，并有时发生小规模滑坡，滑坡方量一般小于 100m³。潜在滑坡隐患长约 200m，宽约 220m，厚约 3.0m，面积为 4.4 万 m²。滑带土黏聚力为 23kPa，内摩擦角为 20°。

3.3.5.3 滑坡体物理力学参数统计分析

踏勘及室内土工试验表明，该滑坡体由残坡积粉质黏土组成，黄色，呈可塑状，厚度大于 5m，表部松散状，垂直渗透系数为 $5.67 \times 10^{-3} \sim 5.40 \times 10^{-5}$ cm/s。颗粒组成见表 3.9，物理力学性质见表 3.10。

表 3.9　　　　　　　　典型滑坡 5 土体颗粒组成统计表

样号	取样深度 /m	粒径范围/mm						
		10～5	5～2	2～0.5	0.5～0.25	0.25～0.1	0.1～0.075	<0.075
		颗粒百分比/%						
1	1.1～1.4	12.50	4.41	11.41	5.85	7.66	1.52	56.65
2	2.3～2.6	—	6.66	18.20	9.55	11.47	2.70	51.42
3	2.9～3.2	—	4.18	17.31	11.84	13.02	3.29	50.30

表 3.10　　　　　　　　典型滑坡 5 土体物理力学指标统计表

序号	项目	数值	序号	项目	数值
1	含水率/%	16.9～20.9	8	塑限/%	18.2～20.7
2	湿密度/(g/m³)	1.73～1.79	9	塑性指数	9.7～16.1
3	干密度/(g/m³)	1.43～1.53	10	液性指数	−0.11～0.07
4	土粒比重	2.70～2.72	11	压缩系数/MPa⁻¹	0.21～0.34
5	孔隙比	0.776～0.887	12	压缩模量/MPa	5.22～8.97
6	饱和度/%	59.2～65.1	13	垂直渗透系数/(cm/s)	$3.78 \times 10^{-4} \sim 5.40 \times 10^{-5}$
7	液限/%	30.3～36.0			

由表 3.9 和表 3.10 可见，该滑坡体主要由砂岩风化物组成，具中等至弱透水性，塑性指数均值为 9.7~16.1，孔隙比为 0.776~0.887，具中等压缩性。其特性为：中等密实、饱和度偏低，是江西省非暴雨中心变质砂岩风化物陡坡型滑坡体的典型代表。

3.4 典型自然边坡概化模型

基于第 2 章中关于"江西省暴雨中心降雨时空特性"相关统计分析成果及本章前述内容，分别建立代表江西省 4 个暴雨中心和 1 个非暴雨中心的自然边坡降雨入渗概化模型，目的是为研究江西省典型自然边坡的降雨过程稳定性提供实体计算模型。主要包含两方面内容：①边坡的典型剖面实体模型；②相应于这一概化模型的强降雨模型，包括降雨雨强、雨型和降雨持续时间。

3.4.1 典型滑坡概化模型

根据地质勘察和实地踏勘，对江西省 4 个暴雨中心和 1 个非暴雨中心的 5 个典型滑坡地形地貌进行了深入研究，得出 5 个典型滑坡区的概化剖面，其中各剖面的土层结构和地层岩性均反映了该地区的典型自然边坡的特性，详见图 3.13。各计算模型对应的强降雨模型参见第 2 章相关内容。

3.4.2 滑坡预报模型边坡

为研究江西省各典型自然边坡的降雨过程稳定性，在对江西全省范围滑坡地质灾害调查研究的基础上，基于各暴雨中心降雨时空分布特征，结合各地区

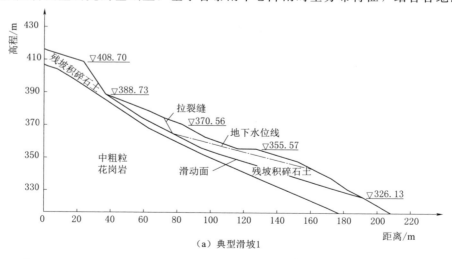

（a）典型滑坡 1

图 3.13（一） 典型滑坡概化模型及计算剖面图

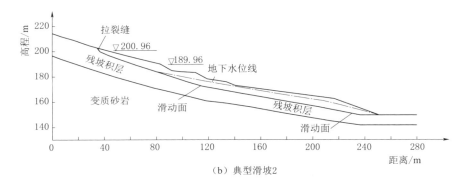

（b）典型滑坡2

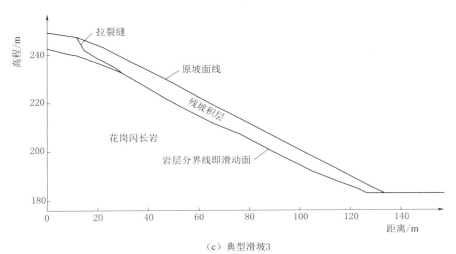

（c）典型滑坡3

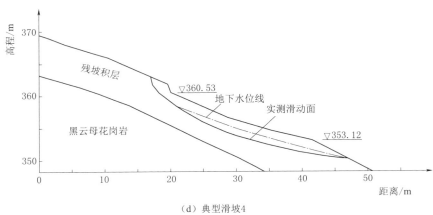

（d）典型滑坡4

图 3.13（二）　典型滑坡概化模型及计算剖面图

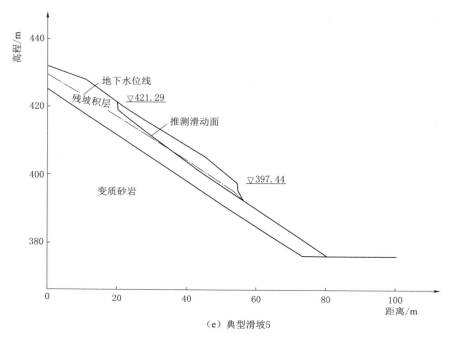

（e）典型滑坡5

图 3.13（三） 典型滑坡概化模型及计算剖面图

自然边坡地形地貌特性及其岩土层分布、组成、物理力学特性和渗透特性等情况，概化出以下典型自然边坡，其中，坡角范围为 20°～40°，坡高范围为 15.0～35.0m，见图 3.14～图 3.16。特别说明以下几点：

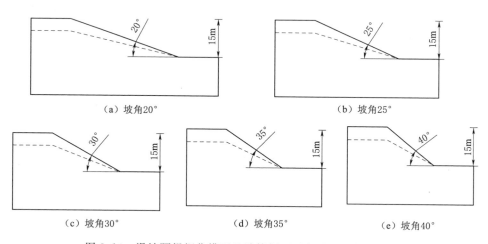

（a）坡角20°   （b）坡角25°

（c）坡角30°   （d）坡角35°   （e）坡角40°

图 3.14 滑坡预报概化模型及计算剖面示意图（坡高 15.0m）

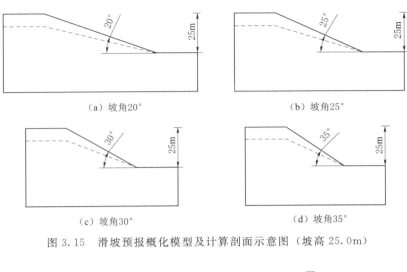

（a）坡角20°　　　　　　　　（b）坡角25°

（c）坡角30°　　　　　　　　（d）坡角35°

图 3.15　滑坡预报概化模型及计算剖面示意图（坡高 25.0m）

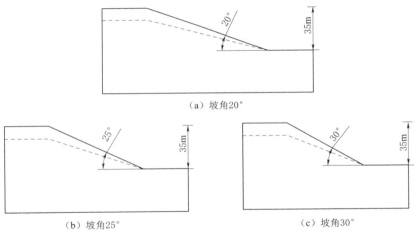

（a）坡角20°

（b）坡角25°　　　　　　　　（c）坡角30°

图 3.16　滑坡预报概化模型及计算剖面示意图（坡高 35.0m）

（1）各暴雨中心地区所采用的计算模型相同，但同时可适应不同地区的降雨模型、边坡岩土层物理力学特性和渗透特性。

（2）考虑到因降雨入渗引起的滑坡问题一般属浅层滑坡，同时采用刚体极限平衡法计算边坡稳定安全系数时，一般受计算模型范围影响较小，故各模型均假定为均质体。

（3）计算模型范围为：坡角到右端边界的距离、坡顶到左端边界的距离均为坡高的 1 倍，且上下边界总高不低于 2 倍坡高。

（4）图中虚线表示坡内地下水位线，其位置是根据江西省 30 处典型自然边坡地下水位情况经统计概化后确定。

第 4 章

降雨入渗条件下的饱和-非饱和渗流场

4.1 概述

4.1.1 降雨与边坡失稳的关系

降雨是一种常见的天气现象，大量统计资料表明，绝大多数的滑坡都是发生在降雨期间或降雨之后，一个地区的滑坡发育程度随降雨量增强而增强已是普遍的规律。如湖北西部地区，大致以长江为界，其北部多年平均年降雨量一般为 800～1000mm，局部为 1200mm；南部多年平均年降雨量为 1100～1400mm，部分地区达 1600～1800mm。经过详细调查的滑坡资料（已建卡）统计分析得出：湖北西部地区北部的平均滑坡密度为 0.01 个/km²，滑坡总体积为 14400m³/km²；南部的平均滑坡密度为 0.02 个/km²，滑坡总体积为 53400m³/km²。《中国典型滑坡》一书中实录的 90 多例滑坡绝大部分发生在雨季，其中以 1982 年四川万县地区云阳等县因暴雨触发滑坡最为典型：1982 年 7 月中下旬，上述地区降雨量为 600～700mm，占全年降雨量的 60%～70%，最大降雨过程雨量达 350～420mm，最大 24 小时降雨量为 283mm，最大 1 小时降雨量为 42.3mm，超过历史降雨纪录，诱发全地区数万处滑坡。此外，白灰厂滑坡、攀钢把关河石灰石矿滑坡、海州露天矿等大型滑坡都是发生在大量连续降雨之后，且滑坡变形与降雨量之间存在明显的对应关系；鸡扒子滑坡、天宝滑坡、梨树滑坡、沙岭滑坡等大型滑坡均是在暴雨期间发生的；阜新海州露天矿下盘切断 100 根抗滑桩的第 39 号滑坡、大冶露天矿狮子山滑坡均发生在连续降雨超过 100mm 之后。位于长江青干河上的千将坪滑坡是三峡工程蓄水后首次出现的一个大规模边坡失稳事件，其主要诱发因素即是 2003 年 6 月 21 日至 7 月 11 日的持续强降雨，滑坡体形成的堆石坝高达 149～178m，造成 14 人死亡，10 人失踪。

江西省的几个暴雨中心地区，基岩上的覆盖层通常是崩积物和残积物。这些崩积物、残积物的颗粒大小相差悬殊，结构松散，透水性强；旱季一般能够维持稳定，雨季则容易产生滑坡、泥石流等地质灾害，工程实践中也会常遇到如何合理评价基岩斜坡上崩坡积和残坡积层稳定性的问题。大量的观测结果表明，崩积物、残积物的失稳破坏主要发生在雨季，尤其是暴雨季节。因此，在通常情况下，斜坡上堆积体稳定与否，取决于其在暴雨期的稳定性。这样就要求在进行崩积物、残积物的稳定性分析时，必须将降雨的影响作为一个重要因素加以考虑。此外，江西省这几个暴雨中心的山区，地形坡度一般较陡，坡面上的堆积物结构较松散，透水性较强。因此，堆积层内的水交替较为活跃，在一个水文年内的大多数时间里，坡面上的松散堆积层都不含重力水，只可能在强降雨后的短时间内，其内部才可能形成地下水位。

在特定的地形、地质条件下，地下水位的高低取决于降雨的频率、强度和历时。由于降雨补给的间断性和随机性，堆积层内的渗流具有明显的非恒定性，地下径流量、地下水位和饱水带的厚度都随时间变化而变化。若长时间无降雨补给，堆积层内的地下水便会因不断地向坡脚排泄而枯竭。相反，若在一段时间内能够得到频繁、高强度的降雨补给，则可能在堆积层内形成较高的地下水位，甚至呈完全饱和状态。

4.1.2　雨水入渗及其引发边坡失稳的物理机制

降雨入渗及地下水状态对边坡稳定的影响是显而易见的。一方面，边坡稳定性的控制因素是岩土体结构面的抗剪强度，而降雨入渗可显著降低岩土体特别是滑面岩土体的强度。岩土体结构面分为硬结构面及软弱结构面。微风化及新鲜岩土体中的结构面如无充填物可视为硬结构面，这类结构面的抗剪强度基本不受水的影响；岩土体中的有泥质冲填物的断层、层间错动带以及节理裂隙等为软弱结构面，充填物质遇水软化，使结构面抗剪强度显著降低。另一方面，地下水产生的静水压力降低了滑动面上的有效法向应力，从而降低了滑动面上的抗滑力，同时岩土体非饱和区暂态附加水荷载又增加了边坡岩土体的下滑力。非饱和区饱和度增加，基质吸力（即毛细压力）降低，从而使边坡的稳定条件恶化，这是雨季边坡失稳的重要原因。

雨季边坡内水荷载的变化主要表现在两个方面：①使稳定地下水水位升高；②稳定地下水水位以上出现暂态饱和区。地下水水位的升高是一个缓慢的过程，但一次一定强度、一定历时的降雨有可能在地下水水位以上的大片非饱和区形成暂态饱和区。当雨停后，暂态饱和区很快消散，同时地下水水位略有上升。暂态饱和区虽然是暂时的，但对边坡稳定而言却至关重要，因为暂态水荷载增量远比稳态水荷载增量大，常成为边坡失稳的控制因素。

　　为定量研究因降雨入渗而导致的岩土体抗剪强度降低问题，引入非饱和土的抗剪强度理论。该理论为定量计算因水分入渗而引起的岩土体软化的强度变化提供了一种计算方法。Fredlund 于 1993 年提出的岩土体吸水软化的抗剪强度公式如下：

$$\tau_f = c' + (U_a - U_w)\tan\varphi' + (U_a - U_w)\tan\varphi^b \tag{4.1}$$

式中：$(U_a - U_w)\tan\varphi^b$ 为与基质吸力直接相关的抗剪强度，称为基质吸力的附加强度；φ^b 为因基质吸力上升而引起抗剪强度增加的曲线的倾角。

　　Fredlund 的抗剪强度理论强调负孔隙水压力对抗剪强度的影响，目前得到岩土界的广泛认可。从式（4.1）可以看出，非饱和土的抗剪强度除了与 c'、φ' 及正应力有关外，还与基质吸力 $U_a - U_w$ 有关。当土体饱和时，可以认为 $\varphi^b = \varphi'$，退化为传统的摩尔-库仑公式，故式（4.1）又称为延伸的摩尔-库仑公式。降雨时，岩土体饱和度和孔隙水压力上升，基质吸力 $U_a - U_w$ 减小，抗剪强度明显减小，可从理论上解释降雨条件下滑坡发生的机理。

4.1.3　降雨入渗数学模型及其适应性

4.1.3.1　一般渗流数学模型及其求解

　　渗流计算是在已知模型参数和定解的条件下求解渗流控制微分方程，以获得渗流场水头分布和渗流量等渗流要素，求解方法有解析法、有限解析法、数值法和电模拟法。其中，数值方法主要包括有限元法、边界元法、有限解析法、有限积分法、无限积分法以及新近发展起来的数值流形法等，而有限元法是岩土体渗流计算中研究最成熟、最完善的数值方法。在各种水工建筑物（尤其是土石坝）及岩土工程渗流分析中常遇到的带自由面渗流计算问题，其本质为非线性自由边值问题。目前采用有限元求解这类问题总体上分为两类：一类是变网格迭代法；另一类是固定网格迭代法。

　　变网格迭代法主要是将自由面作为可变边界处理，在迭代过程中修改自由面位置，使网格发生相应的变化，直到自由面位置稳定为止。这种方法有着其自身固有的缺陷：在每一次迭代中，计算网格都要随自由面的变动而变动，总体传导矩阵要重新计算和分解，工作量大，而且容易使自由面附近的网格出现畸形，造成求解精度降低；而且，若要同时进行有限元的应力和稳定分析，有限元网格则难以统一。

　　基于这些致命缺陷，目前已很少采用变网格迭代法来求解有自由面的渗流问题，变网格迭代法已逐渐被固定网格法和饱和-非饱和渗流等方法所替代。

　　自 1973 年 Neuman 提出用不变网格分析有自由面渗流的 Galerkin 方法以后，国内外许多学者致力于固定网格法的研究，试图采用扩大的渗流区域和固定边界来求解自由面的渗流问题，以达到迭代过程中单元网格不变的目的。目前，先后出现了变单元渗透系数法、改进单元渗透矩阵调整法、剩余流量法、初流量法、变分不等式法、截止负压法、复合单元全域迭代法、节点虚流量法和丢单元法、子单元法、虚单元法等十多种方法。河海大学的朱岳明、沈振中等在改进的剩余流量法和截止负压法等方面均开展了相关的研究，并成功地应用于工程实际。当然，固定网格法也有其自身缺陷：在求解非稳定渗流时（如求解有雨水入渗问题时），搜索自由面的过程中可能出现同一单元中有两个自由面通过的情形，这时固定网格法就无能为力。但这种方法在稳定渗流计算中相对变网格迭代法是一大进步，也是目前工程界普遍采用的方法。

1962 年 Miller 提出非饱和介质的渗透系数是含水量或压力水头的函数，为达西定律应用到饱和-非饱和渗流提供了理论基础，因为饱和区和非饱和区综合考虑，就避免了自由面搜索问题，所以饱和-非饱和渗流有限元计算具有饱和渗流有限元计算法无法比拟的优点。

4.1.3.2 裂隙岩体的渗流数学模型

裂隙岩体是边坡稳定分析中经常遇见的问题。岩体经过长期地质作用一般都发育有裂隙、孔隙和溶隙等不连续结构面和断层等孔隙，这些孔隙是地下水赋存场所和运移通道，其分布形状、大小、连通性以及空隙的类型都将影响岩体的力学性质和岩体的渗流特性。岩体的渗流特性对许多工程安全有重要的影响，在岩体边坡设计，水库诱发地震的预测，有害核废料和卫生垃圾的深埋处置，水电工程中岩质边坡、地下厂房、大坝等稳定及渗流控制问题中，都必须涉及岩体渗流特性的研究。

岩体渗流有以下特点：①岩体渗透性的大小取决于岩体中结构面的性质及岩块的岩性；②岩体渗流以裂隙导水、微裂隙和岩石孔隙储水为其特色；③岩体裂隙网络渗流具有定向性；④岩体的渗流一般看作非连续介质（对密集裂隙可看作等效连续介质）；⑤岩体的渗流具有高度的非均质性和各向异性；⑥一般岩体中的渗流符合达西线性定律；⑦岩体渗流受应力场影响明显；⑧复杂裂隙系统中的渗流，在裂隙交叉处具有"偏流效应"，即裂隙水流经大小不等的裂隙交叉处时，水流偏向宽大裂隙一侧流动。

自 1856 年达西定律被提出以来，人们对多孔介质渗流问题进行了较为全面而深入的研究，建立了较为完善的多孔介质渗流理论；但裂隙岩体渗流研究则起步较晚，直到 20 世纪 50 年代初期，人们才开始着手对裂隙岩体的水力性质和其中流体的流动进行定量的评价。由于世界上大部分石油都储于被裂缝劈切的多孔性岩层中，石油部门率先开始了这方面的研究。1959 年，法国 Malpasset 拱坝的溃坝事件使工程界真正意识到研究裂隙岩体渗流与多孔介质渗流差异的重要性和迫切性。在 20 世纪 60 年代，国外开始对这一问题进行大量的研究，1951 年苏联学者发表的《裂隙岩石中的渗流》一书可能是这方面最早的专著。D. T. Snow、C. Louis、P. A. Witherspoon、N. Barton、Y. W. Tsang、M. Oda、J. C. S. Long、S. P. Nueman、J. B. Walsh 等学者在裂隙岩体水流运动特性及渗流应力耦合的模型试验、数值分析等方面都做了大量的开创性工作。我国由于工程建设的需要，从 20 世纪 80 年代开始也开展了较为系统的试验、计算分析研究，对裂隙岩体渗流的基本特性有了较全面的认识，并提出建立了很多种研究手段和方法，取得了丰富的研究成果。

综合国内外资料可以看出，目前进行裂隙岩体渗流场以及渗流应力耦合计算分析时，常根据实际工程水文地质条件复杂程度，而采用不同的计算模型，主要模型可分如下几种。

（1）等效连续介质模型：对于裂隙岩体，若裂隙较发育，表征单元体（REV）存在且不是过大时，则一般认为该模型是有效的。在渗流分析上假定单个裂隙渗流服从立方定理，然后将裂隙渗流量平均到整个单元中，这样就把裂隙岩体概化成等效连续介质模型。该模型采用经典的孔隙介质渗流分析方法，使用极为方便。

等效连续介质模型是在单裂隙流立方定律的基础上，沿用各向异性连续介质理论进行分析，在理论上和解题方法上均有成熟的基础和经验可以借用。不足之处在于：①裂隙岩体存在表征单元体（REV），并且表征单元体相对于研究域来说不是很大，这就要求研究域要很大，故表征单元体的大小和等效水力参数较难确定；②适用范围受到限制，例如，对有害核废料深埋处置问题，就应慎重使用该模型；③把裂隙岩体等效为连续介质，不能很好地刻画裂隙的特殊导水作用；尽管如此，因该模型适合于预测裂隙密度大的大体积研究域的宏观渗流行为，尤其是裂隙发育、风化作用、爆破震动影响较大的高边坡。另外在岩体渗流场分析中不需要知道每条裂隙的确切位置，对于工程问题及区域地下水研究等该模型很有应用价值。目前大多数工程问题普遍应用该模型进行渗流场数值模拟。

（2）裂隙网络非连续介质模型：当岩体中裂隙密度不大，其 REV 很大或不存在合理的 REV 时，等效介质模型不再适用。该模型须在搞清每条裂隙的空间方位、隙宽等几何参数的前提下，以单个裂隙水流基本公式为基础，利用流入和流出各裂隙交叉点的流量连续性条件，建立渗流控制方程。这种模型接近实际，但处理起来难度较大，数值分析工作量甚大。进入 20 世纪 90 年代后，我国学者也在裂隙网络渗流模型方面做了很多研究工作：万力于 1993 年假设裂隙面为多边形，提出了三维裂隙网络的多边形单元渗流模型；王洪涛、李永祥于 1997 年假设裂隙面为圆盘形，提出了随机裂隙网络非稳定渗流模型。张有天于 1997 年根据天然裂隙系统发育规律及其渗透机制，将复杂的裂隙系统划分成带状断层、面状裂隙和管状孔洞三大类型，在忽略岩块渗透性的前提下，建立了由管状线单元、缝状面单元和带状体单元组合而成的三维裂隙网络渗流数值模型。虽然裂隙岩体渗流用裂隙网络模型模拟还存在一些问题，很多地方还需要改进和完善，但这些研究在一定程度上推动了裂隙网络渗流的发展。

（3）岩体裂隙双重介质模型：该模型最早由 Barenblatt 于 1960 年首次提出，认为除裂隙网络外，还将岩块视为渗透系数较小的渗透连续介质，按连续方法计算渗流场，在双重介质系统内形成两个水头，并同时考虑岩块孔隙与岩体裂隙之间的水交换。该模型能较好地体现裂隙岩体的岩块储水和裂隙导水的特性，更接近实际，相对于离散裂隙网络具有较好的可操作性，而且在一定程度上刻画了非饱和优先流的现象，但数值分析工作量也更大，同时裂隙岩体REV 必须存在，且存在直接影响模型精度的水交换项难以确定等问题，计算方法有待进一步研究。

大量研究和工程实践应用均表明，由于受到难以获得足够能表征岩体裂隙几何特征和物理特性的详细参数的制约，尽管依据裂隙实测资料的统计数字由计算机生成等效网络已有可能，但三维裂隙网络水力学分析仍很难进行。而且对于非饱和渗流而言，岩块的非饱和渗透系数与裂隙相比一般不可忽略，故用离散网络模型来研究裂隙岩体饱和-非饱和渗流并不合适。岩体裂隙的双重介质模型和离散-连续介质模型中直接影响模型精度的水交换项难以确定，孔隙介质水头和裂隙介质水头用平均水头代替有待研究，且分析的工作量也很大。而用等效连续介质模型来计算裂隙岩体的饱和-非饱和渗流场时，只需要得到岩体裂隙为数不多的几何和物理参数的统计值即可，而不需要知道每条裂隙的确切位置，故对裂隙化岩体而言，该模型更能适应和满足工程需要。

4.2 降雨入渗机理分析

4.2.1 降雨入渗问题

研究降雨入渗问题的主要任务之一就是确定降雨入渗补给量，探求降雨与入渗补给之间的关系，并探讨确定降雨入渗补给地下水量的方法。目前采用较多的地下水补给量确定方法包括：①降雨入渗补给系数法；②考虑前期降雨影响的降雨与降雨入渗补给量之间的相关分析法。前者由于没有考虑降雨前土壤原始含水量的大小，实测入渗补给系数的数值往往出入较大；后者虽反映了前期降雨入渗补给量影响，但其计算公式和系数都是经验性的，尚需通过试验和理论研究，进一步探求既有科学依据又简单易行的地下水补给量确定方法。

降雨入渗实质上是水分在土壤饱气带中的运动，是一个涉及两相流的过程，即水在下渗过程中驱替空气的过程。大气降雨至地面即开始有入渗过程。若地表上层或岩层湿度不大，在分子引力作用下降雨为地表介质吸收为薄膜水。当薄膜水量达到最大值时，入渗水则填充介质中的毛细裂缝形成毛细水，即所谓毛细下渗；当裂缝的开度很不均匀时，毛细水只能填充裂隙开度较小的那部分面积，开度较大的那部分裂缝仍为空气所占据，介质处于非饱和状态，形成非饱和渗流。

4.2.2　降雨入渗补给过程和非饱和土水分运动特征

土壤水分入渗大体可以分为两种类型：①降雨从地表垂直向下进入土壤的垂直入渗；②侧向入渗。

干土在积水条件下的入渗是最简单、最典型的垂直入渗问题。图 4.1 即为干土在表面积水一定时间后的土壤剖面中含水率分布图。Colaman 与 Bodmam 分别于 1944 年、1945 年研究了这个问题，并将含水率剖面分为 4 个区：饱和区、含水率有明显降落的过渡区、含水率变化不大的传导区和含水率迅速减少至初始值的湿润区。湿润区的前缘称为湿润锋。

人们为了分析入渗后土壤剖面中含水率分布随时间变化和湿润锋前移的规律，进一步观察并分析了干土积水后土壤含水率分布随时间的变化特征，如图 4.2 所示。对土壤中含水率 $\theta(z, t)$ 的变化取得如下 3 点认识：

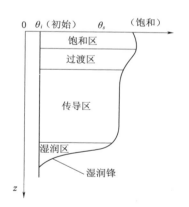
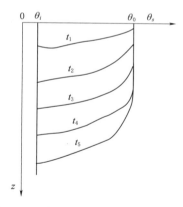

图 4.1　积水入渗时含水率的分布和分区　　图 4.2　积水后含水率随时间的变化

（1）在水施加于土壤表面后的很短时间内，表土的含水率 $\theta(0, t)$ 将很快地由初始值 θ_i 增大到某一最大值 θ_0。由于在自然条件下完全饱和一般是不可能的，所以 θ_0 值比饱和含水率 θ_s 小。

（2）随着入渗的进行，湿润锋不断前移，含水率的分布曲线由比较陡直逐渐变为相对平缓。

（3）在地表 $z=0$ 处，含水率梯度 $\dfrac{\partial \theta}{\partial z}$（或基质梯度 $\dfrac{\partial h_c}{\partial z}$）的绝对值逐渐由大变小（当 $t=0$ 时，$\left|\dfrac{\partial \theta}{\partial z}\right|\rightarrow\infty$，当 t 足够大时，$\dfrac{\partial \theta}{\partial z}\rightarrow 0$，即接近地表处的含水率不变）。

并通常以下式表示累积入渗量和入渗率 $i(t)$ 及其随时间的变化关系：

$$I(t) = \int_0^L [\theta(z,t) - \theta(z,0)]\mathrm{d}z \tag{4.2}$$

$$i(t) = q(0,t) = \left[-D(\theta)\frac{\partial \theta}{\partial z} + k(\theta)\right]_{z=0} \tag{4.3}$$

式中：$I(t)$ 表示入渗开始后一定时间内，通过单位面积入渗到土中的总水量，mm 或 cm；L 为土层厚度；$\theta(z,0)$ 表示初始含水率分布；对于干土入渗情况，$\theta(z,0)=\theta_i$；$i(t)$ 是表示单位时间内通过地表单位面积进入到土壤中的水量，mm/d 或 mm/min。任一时刻 t 的入渗率 $i(t)$，其值和此时地表处的土壤水分运动通量 $q(0,t)$ 相等。

累积入渗量 $I(t)$ 与入渗率 $i(t)$ 两者间互换关系为

$$I(t) = \int_0^t i(t)\mathrm{d}t \ \text{和} \ i(t) = \frac{\mathrm{d}I(t)}{\mathrm{d}t} \tag{4.4}$$

干土积水条件下的入渗，可由式（4.3）得出入渗率 i 随时间 t 的变化规律。入渗开始时，由于地表处的含水率梯度的 $\dfrac{\partial \theta}{\partial z}$ 绝对值很大，入渗率 i 很高。理论上当 $t\rightarrow 0$ 时，$\left|\dfrac{\partial \theta}{\partial z}\right|\rightarrow\infty$。则随着入渗的进行，$\dfrac{\partial \theta}{\partial z}$ 的绝对值不断减小，入渗率 $i(t)$ 也随之逐渐降低，当 t 足够大时，$\dfrac{\partial \theta}{\partial z}\rightarrow 0$，此时 $i(t)\rightarrow k(\theta_0)$。也就是说，当入渗进行到一定时间后，入渗率趋于一稳定值，该值相当于地表含水率 θ_0 的导水率 $k(\theta_0)$ 或 k_0，显然 $k_0 < k_s$，k_s 为饱和导水率。

雨水入渗率曲线与稳定供水强度下的入渗过程如图 4.3 所示。图 4.3 中的虚线所示为入渗率随时间的变化关系，它表示了干土积水条件下的入渗规律。在降雨或喷洒条件下的入渗情况则不同。由于供水为降雨或喷洒，则入渗初期阶段的供水强度即变成取决于降雨或喷洒的强度，记为 $R(t)$，且令 $R(t)=R_0$。如图 4.3 中的 ab'，表示开始入渗后的一段时间内，由于供水强度小于土壤的入渗率，所以实际的入渗率即为供水强度 R_0。当 $t=t'_p$ 以后，供水强度大于土壤的入渗率，即 $R_0 > i(t)$，此时干土积水条件下的入渗率即为 $i(t)$，如图 4.3 中的 $b'c'$ 曲线所示，超过入渗率的供水则形成积水或地表径流。但是，在降雨或喷洒条件下，t'_p 以前的时段未达到积水入渗条件，因此 t'_p 以后时段

的入渗率不是 $i(t)$，入渗过程曲线也不是 $b'c'$，而是 bc，即积水点 b' 后移至 b，实际入渗过程线为 abc。所以降雨入渗过程可以分成为两个阶段：第一阶段称为供水控制阶段；第二阶段称为土壤入渗率控制阶段。两个阶段的交点称为积水点。第一阶段称为无压入渗或自由入渗，第二阶段称为积水或有压入渗。

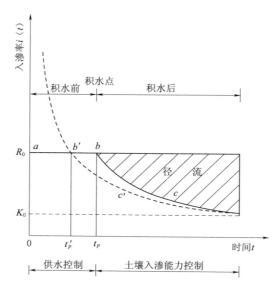

图 4.3　雨水入渗率曲线与稳定供水强度下的入渗过程

4.3　降雨在边坡中的入渗过程分析

4.3.1　影响降雨入渗过程的条件

降雨入渗补给地下水的过程即非饱和土壤水连续运移的过程，非饱和土壤水运移理论也即降雨入渗补给地下水的基本理论。

首先考虑一个上部边界是地表面，下部边界刚好低于地下水位的垂向一维系统。这个饱和-非饱和系统中的水流方程为

$$\frac{\partial}{\partial z}\left[k_z^s k_r(h_c)\left(\frac{\partial h_c'}{\partial z}+1\right)\right]=\left[C(h_c)+\beta S_s\right]\frac{\partial h_c}{\partial t} \tag{4.5}$$

根据达西定律，t 时刻其上部边界的最大入渗能力为

$$R(t)=-k_z^s k_r(h_c^t)\left[\frac{\partial h_c^t}{\partial z}+1\right] \tag{4.6}$$

方向垂直向下。如果某时刻地表发生强度为 $\varepsilon_r(t)$ 的降雨，设降雨的方向

为垂直向下，设实际入渗的流量为 $q_s(t)$，且垂直于坡面方向，则降雨强度与实际入渗的流量 $q_s(t)$ 之间的关系可以表示为

当 $\varepsilon_r(t) > R(t)$ 时，　　　　　$q_s(t) = R(t)$　　　　　(4.7)

当 $\varepsilon_r(t) \leqslant R(t)$ 时，　　　　　$q_s(t) = \varepsilon_r(t)$　　　　　(4.8)

以上分析很容易推广到三维的情况。设有某坡面，坡面的外法线方向为 $\overrightarrow{n} = (n_x, n_y, n_z)$，当发生强度为 $\varepsilon_r(t)$ 的降雨时，则降雨在坡面法线方向的分量为

$$q_n(t) = \varepsilon_r(t) n_z \qquad (4.9)$$

由达西定律可以计算坡面在各个方向的最大入渗能力为

$$R_i(t) = k_{ij}^s k_r(h_c^t) \left[\frac{\partial t_c^t}{\partial x_j} + 1 \right] \qquad (4.10)$$

将其转化为法线方向上的入渗能力为

$$R(t) = R_i(t) n_i \qquad (4.11)$$

则，降雨强度与实际入渗流量之间的关系为

当 $\varepsilon_r(t) > R(t)$ 时，　　　　　$q_s(t) = R(t)$　　　　　(4.12)

当 $\varepsilon_r(t) \leqslant R(t)$ 时，　　　　　$q_s(t) = \varepsilon_r(t)$　　　　　(4.13)

4.3.2　入渗参数

1. 入渗率和稳定入渗率

入渗率 q_i 是指实际入渗的过程中单位时间内通过地表单位面积的水量。它具有速度的量纲，常用单位为 cm/s 或 m/d。必须注意，入渗率的概念和入渗补给量的概念是不同的。入渗补给量是指入渗后到达潜水面而补给地下水的水量；入渗率则是指通过地表面入渗的水量，这部分水量有些补给地下水，也有可能由其他部位重新出逸地表，另一些则在包气带中分布而不到达潜水面。

大量的试验资料和理论分析表明：当供水充分时，入渗初始时，入渗率相当大，以后随着时间的延长而减小，到一定时间以后趋于稳定，称为稳定入渗率 q_s。

2. 累积入渗量

累积入渗量是指一定时间段内通过单位面积入渗的总水量，记为 Q_I，常用单位为 m 或 mm。

$$Q_I = \int_0^t q_i \mathrm{d}t \qquad (4.14)$$

其中　　　　　　　　　　$q_i = \dfrac{\mathrm{d}Q_I}{\mathrm{d}t}$　　　　　　　　　　(4.15)

3. 供水强度

供水强度是指降雨时，单位时间通过地表单位面积供给的水量，用 R 表

示，单位和入渗率相同。

4.4　非稳定饱和-非饱和渗流场数值计算理论

降雨入渗过程实质上是入渗水分在非饱和区运动的过程，而降雨入渗边界又是一个流量边界，只是这个流量并不是不变的，在计算过程中需要根据含水率的变化而不断地调整入渗流量，从而实现对降雨入渗问题的数值模拟。

4.4.1　土水特征曲线及饱和-非饱和水力参数的确定

实践表明，岩土体中体积含水率的变化与孔隙水压力（或基质吸力）的变化密切相关，描述该关系的曲线称为土-水特征曲线。显然，当忽略孔隙气压的变化，土中含水量（或饱和度）达饱和含水量时，孔隙水压力为正值；而当含水量低于饱和含水量时，孔隙水压力则为负值，含水量可表示为孔隙水压力的某一函数。一般而言，级配良好的黏性土的土-水特征曲线较为平缓，而级配较差的土或砂的土-水特征曲线则较为陡峻。

此外，设想土体中存在诸多纵横交错的极其细小的渗流通道，土中含水量的降低必将减小渗流通道的尺寸，土体的渗透性则相应减弱；当土体呈完全"干"的状态时，土中可利用的渗流通道几乎消失，土体渗透系数达最小；当土体达饱和含水量时，土中可利用的渗流通道全部被利用上，其渗透系数则为最大值。于是土体渗透系数可表示为体积含水率的函数：$k = g(\theta)$。由此可见，土体渗透系数与孔隙水压力的关系可表示为

$$k = g[f(p)] \tag{4.16}$$

对于饱和岩土类多孔介质，目前已有成熟的试验方法来确定其饱和渗透张量。对于非饱和岩土类多孔介质，关键是确定非饱和相对渗透系数与孔隙水压力、体积含水率与孔隙水压力的对应关系曲线，这两个对应关系曲线一般通过试验获取。当无法通过试验研究获取时，可以通过一个包含了几个待定系数的公式来刻画岩土体的非饱和特性，其中最具有代表性的是 Van Genuchten 于 1980 年基于 Mualem 理论提出的 V-G 模型。

Mualem 曾于 1976 年提出了由土壤的持水曲线预测土壤的相对渗透系数 k_r 的公式：

$$k_r(h_c)\Theta^{\frac{1}{2}} = \left[\frac{\int_0^\Theta \frac{1}{h_c(x)}\mathrm{d}x}{\int_0^1 \frac{1}{h_c(x)}\mathrm{d}x}\right]^2, \quad \text{且} \ \Theta = \frac{\theta - \theta_r}{\theta_s - \theta_r} \tag{4.17}$$

式中：h_c 为压力水头；θ 为体积含水率；Θ 为容水度，无量纲；θ_s 为饱和含

水率；θ_r 为剩余含水率。

求解以上方程，需要将 Θ 表示为压力水头的函数：

$$\Theta = \left[\frac{1}{1+(\alpha h_c)^n}\right]^m \tag{4.18}$$

式中：α、m、n 为无量纲的待定系数。

Van Genuchten 在 1980 年将其导出的水分特性曲线理论与 Mualem 模型相结合，给出了 V－G 模型：

$$k_r = (\Theta) = \Theta^{\frac{1}{2}}\left[1-(1-\Theta^{\frac{1}{m}})^m\right]^2 \quad (m=1-1/n, \text{且} \ 0<m<1) \tag{4.19}$$

将式（4.19）表达为压力水头的函数，则有

$$k_r(h_c) = \frac{\{1-(\alpha h_c)^{n-1}[1+(\alpha h_c)n]^{-m}\}^2}{[1+(\alpha h_c)^n]^{\frac{m}{2}}} \quad (0<m<1) \tag{4.20}$$

由式（4.17）可得 h_c−θ 关系曲线：

$$h_c(\theta) = \frac{1}{\alpha}\left[\left(\frac{\theta-\theta_r}{\theta_s-\theta_r}\right)^{-1/m}-1\right]^{1/n} \tag{4.21}$$

由式（4.19）可以求得比容水度 $C(\theta)$ 的关系式：

$$C(\theta) = \frac{\mathrm{d}\theta}{\mathrm{d}h_c} = -mn\alpha(\theta_s-\theta_r)(\alpha h_c)^{n-1}[1+(\alpha h_c)^{n-1}]^{-1-m} \tag{4.22}$$

以上式（4.17）～式（4.22）中，θ_s 很容易通过试验获得，θ_r 也可以通过测定干燥土壤的体积含水率获得。但一般情况下，可以通过有限的试验用最小二乘法拟合得出材料的参数 θ_r、α、n 的值。表 4.1 列出了几种典型土壤的 α 和 n 的代表值。

表 4.1 几种典型土壤的 α 和 n 的代表值

土质	α	n
粗、中砂	0.03～0.20	＞5
标准砂	0.02～0.03	7～15
细砂	0.015～0.03	2～3
麻砂土	0.01～0.015	＞3
黏土	0.005～0.015	1～2

对于饱和裂隙介质，假定每组渗透结构面无限延伸且规则排列，其等效渗透张量的计算公式为

$$k_{ij} = \sum_{i=1}^{m}\frac{gb_l^3}{12\mu S_l}(\delta_{ij}-n_i^l n_j^l) \tag{4.23}$$

式中：m 为裂隙分组数；b_l 为第 l 组裂隙的等效水力隙宽；S_l 为第 l 组裂隙的间距；δ_{ij} 为 Kronecker 符号；n_i^l 为第 l 组裂隙的法向方向余弦，$i=1$，2，

3；g 为重力加速度；μ 为流体的运动黏滞系数。

对于裂隙介质非饱和等效水力参数，可采用均化方法求取，其中假设：①裂隙充分发育，裂隙介质存在表征单元体且体积不是太大；②流动随时间变化缓慢，也就是指岩块饱和度变化不大，岩块和裂隙间的水量交换瞬时完成。

取一体积为 V 的表征单元体，其中，裂隙体积 V_1，岩块体积 V_2，$V=V_1+V_2$。假定垂直于水流方向的平面上裂隙内水头和岩块内水头相等，按照流量等效和水头近似等效的原则，依据裂隙和岩块各自的饱和及非饱和水力参数、各自所占的体积，通过体积加权平均来确定裂隙岩体的等效非饱和水力参数。裂隙介质的等效相对渗透系数 k_r、等效比容水度 C、等效单元存储量 S_s 分别为

$$k_r=\frac{k_s^1 k_r^1 V_1+k_s^2 k_r^2 V_2}{k_s^1 V_1+k_s^2 V_2}, C=\frac{C_1 V_1+C_2 V_2}{V}, S_s=\frac{S_s^1 V_1+S_s^2 V_2}{V} \tag{4.24}$$

其中
$$k_s^1=\sqrt[3]{k_{s1}^1 k_{s2}^1 k_{s3}^1}, \quad k_s^2=\sqrt[3]{k_{s1}^2 k_{s2}^2 k_{s3}^2}$$

式中：k_{s1}^1，k_{s2}^1，k_{s3}^1，k_{s1}^2，k_{s2}^2，k_{s3}^2 分别为裂隙网络和岩块饱和渗透张量的 3 个主值；C_1，C_2 分别为裂隙网络和岩块的比容水度；S_s^1，S_s^2 分别为裂隙网络和岩块的单元存储量。

当上述均化方法的两个假设不能满足且又具备裂隙介质比较详尽的裂隙水力学及分布特征、产状等参数时，可以应用裂隙网络方法来确定裂隙介质的非饱和水力参数，但该方法通常多应用于简单的二维裂隙网络。对于复杂的三维裂隙网络来说，这一方法的应用实际受到了极大的限制，甚至在工程实际中无法应用。

4.4.2 数学模型的建立及有限元法求解

4.4.2.1 数学模型

1. 基本微分方程

不考虑骨架及流体压缩作用的非稳定饱和-非饱和渗流基本微分方程的建立主要依据如下：

（1）地下水运动的连续性方程：

$$-\frac{\partial(\rho v_i)}{\partial x_i}-Q=\frac{\partial(\rho n)}{\partial t} \tag{4.25}$$

（2）地下水饱和-非饱和运动方程，即达西定律：

$$v_i=-k_r(\theta)k_{ij}^s\frac{\partial h}{\partial x_j} \tag{4.26}$$

由此可推导出相应的渗流基本微分方程，推导过程在许多文献都有比较详细的介绍，在此仅给出推导的结果：

$$\frac{\partial}{\partial x_i}\left[k_{ij}^s k_r(h_c)\frac{\partial h_c}{\partial x_j}+k_{i3}k_r(h_c)\right]-Q=[C(h_c)+\beta S_s]\frac{\partial h_c}{\partial t} \tag{4.27}$$

如果求解的是稳定渗流场，则式（4.27）变为

$$\frac{\partial}{\partial x_i}\left[k_{ij}^s k_r(h_c)\frac{\partial h_c}{\partial x_j}+k_{i3}h_r(h_c)\right]-Q=0 \tag{4.28}$$

如果求解的是饱和渗流场，则式（4.27）变为

$$\frac{\partial}{\partial x_i}\left(k_{ij}^s\frac{\partial h}{\partial x_j}\right)-Q=S_s\frac{\partial h}{\partial t} \tag{4.29}$$

如果求解的是稳定饱和渗流场，则式（4.27）变为

$$\frac{\partial}{\partial x_i}\left(k_{ij}^s\frac{\partial h}{\partial x_j}\right)-Q=0 \tag{4.30}$$

其中 $$h=x_3+p/\gamma$$

以上式中：ρ 为流体的密度；n 为孔隙率；h 为总水头；x_3 为位置水头；p/γ 为压力水头；h_c 为压力水头；k_{ij}^s 为饱和渗透系数张量；k_{i3} 为饱和渗透系数张量中仅和第 3 坐标轴有关的渗透系数值；k_r 为相对透水率，为非饱和土的渗透系数与同一种土饱和时的渗透系数的比值，在非饱和区 $0<k_r<1$，在饱和区 $k_r=1$；C 为比容水度，$C=\frac{\partial\theta}{\partial h_c}$，在正压区 $C=0$；β 为饱和-非饱和选择常数，在非饱和区等于 0，在饱和区等于 1；S_s 为弹性贮水率，饱和土体的 S_s 为一个常数，在非饱和土体中 $S_s=0$，当忽略土体骨架及水的压缩性时对于饱和区也有 $S_s=0$；Q 为源汇项。

2. 定解条件

（1）初始条件：

$$h_c(x_i,0)=h_c(x_i,0),i=1,2,3 \tag{4.31}$$

（2）边界条件：

$$h_c(x_i,t)|_{\Gamma_1}=h_{c1}(x_i,t) \tag{4.32}$$

$$-\left[k_{ij}^s k_r(h_c)\frac{\partial h_c}{\partial x_j}+k_{i3}^s k_r(h_c)\right]n_i\bigg|_{\Gamma_2}=q_n \tag{4.33}$$

$$-\left[k_{ij}^s k_r(h_c)\frac{\partial h_c}{\partial x_j}+k_{i3}^s k_r(h_c)\right]n_i\bigg|_{\Gamma_2}\geqslant0 \text{ 且 } h_c|_{\Gamma_3}=0 \tag{4.34}$$

式中：n_i 为边界面外法线方向余弦；Γ_1 为已知结点水头边界；Γ_2 为流量边界；Γ_3 为饱和逸出面边界。

另外，对于有自由面的非稳定饱和渗流问题，变动的自由面除满足第 1 类边界条件外，还需要满足第 2 类边界条件的流量补给关系，可按下式给出相应边界条件：

$$-k_{ij}^s\frac{\partial h}{\partial x_j}n_i\bigg|_{\Gamma_f}=\mu\frac{\partial h}{\partial t}\cos\phi\bigg|_{\Gamma_f} \text{ 且 } h|_{\Gamma_f}=x_3 \tag{4.35}$$

式中：μ 为自由面变动范围内的给水度；ϕ 为自由面外法线与铅直向的夹角。

4.4.2.2 饱和-非饱和渗流三维有限元求解格式

对于 4.4.2.1 节提出的数学模型，微分方程和定解条件往往都是非线性的，通常只能用数值法求解。本节应用 Galerkin 加权余量法求解该数学模型。

在整个求解域 Ω 中，若场函数 $h_c(x_i, t)$ 是精确解，则在域 Ω 中任一点都满足微分方程式（4.27），同时在边界 $\Gamma_1 \sim \Gamma_3$ 上的任一点都应满足式（4.32）～式（4.34），但对于实际复杂的问题，严格精确解往往很难找到，因此，只能设法找到具有一定精度的数值近似解。

将计算空间域 Ω 离散为有限个单元，如 NE 个。对于每个单元，选取适当的形函数 $N_m(x_i)$，满足：

$$h_c(x_i, t) = N_m(x_i) h_{cm}(t), i = 1, 2, 3 \tag{4.36}$$

式中：$h_{cm}(t)$ 为结点压力水头值。

将 $h_c(x_i, t)$ 分别代入微分方程及边界条件，一般不能精确满足，分别会产生一定的误差，记残差值分别为 R 和 $\overline{R}$，残差值 R 和 $\overline{R}$ 也称为余量。

$$R(h_c) = \sum_{i=1}^{3} \sum_{j=1}^{3} \frac{\partial}{\partial x_i} \left[k_r(h_c) k_{ij}^s \frac{\partial h_c}{\partial x_j} + k_r(h_c) k_{i3}^s \right] - \left[C(h_c) + \beta S_s \right] \frac{\partial h_c}{\partial t} - Q \tag{4.37}$$

$$\overline{R}(h_c) = \sum_{i=1}^{3} \sum_{j=1}^{3} \left[k_r(h_c) k_{ij}^s \frac{\partial h_c}{\partial x_j} + k_r(h_c) k_{i3}^s \right] n_i + q_n \tag{4.38}$$

按照加权余量法原理，选择权函数 $W(x_i)$ 及 $\overline{W}(x_i)$，使得

$$\iiint_{\Omega} W(x_i) R(h_c) \mathrm{d}\Omega + \oiint_{\Gamma_2} \overline{W}(x_i) \overline{R}(h_c) \mathrm{d}S = 0 \tag{4.39}$$

Galerkin 加权余量法取 $W(x_i) = N_n(x_i)$，在边界上，取 $\overline{W}(x_i) = -N_n(x_i)$，此处 $N_n(x_i)$ 即为形函数，将式（4.37）、式（4.38）代入式（4.39），则有

$$\iiint_{\Omega} \left\{ \sum_{i=1}^{3} \sum_{j=1}^{3} \frac{\partial}{\partial x_i} \left[k_r(h_c) k_{ij}^s \frac{\partial h_c}{\partial x_j} + k_r(h_c) k_{i3}^s \right] \right\} N_n \mathrm{d}\Omega$$

$$- \iiint_{\Omega} N_n \left[C(h_c) + \beta S_s \right] \frac{\partial h_c}{\partial t} \mathrm{d}\Omega - \iiint_{\Omega} N_n Q \mathrm{d}\Omega$$

$$- \oiint_{\Gamma_2} N_n \left\{ \sum_{i=1}^{3} \sum_{j=1}^{3} \left[k_r(h_c) k_{ij}^s \frac{\partial h_c}{\partial x_j} + k_r(h_c) k_{i3}^s \right] n_i + q_n \right\} \mathrm{d}S = 0 \tag{4.40}$$

对式（4.40）中左边第 1 项应用格林第 1 公式可知

$$\iiint_{\Omega} \left\{ \sum_{i=1}^{3} \sum_{j=1}^{3} \frac{\partial}{\partial x_i} \left[k_r(h_c) k_{ij}^s \frac{\partial h_c}{\partial x_j} + k_r(h_c) k_{i3}^s \right] \right\} N_n d\Omega$$

$$- \iiint_{\Omega} \left\{ \sum_{i=1}^{3} \sum_{j=1}^{3} \frac{\partial}{\partial x_i} \left[k_r(h_c) k_{ij}^s \frac{\partial h_c}{\partial x_j} N_n + k_r(h_c) k_{i3}^s N_n \right] \right\} d\Omega$$

$$- \iiint_{\Omega} \sum_{i=1}^{3} \sum_{j=1}^{3} \left[k_r(h_c) k_{ij}^s \frac{\partial h_c}{\partial x_j} + k_r(h_c) k_{i3}^s \right] \frac{\partial N_n}{\partial x_i} d\Omega$$

$$= \oiint_{\Gamma_2} \sum_{i=1}^{3} \sum_{j=1}^{3} \left[k_r(h_c) k_{ij}^s \frac{\partial h_c}{\partial x_j} + k_r(h_c) k_{i3}^s \right] n_i N_n dS$$

$$- \iiint_{\Omega} \sum_{i=1}^{3} \sum_{j=1}^{3} \left[k_r(h_c) k_{ij}^s \frac{\partial h_c}{\partial x_j} + k_r(h_c) k_{i3}^s \right] \frac{\partial N_n}{\partial x_i} d\Omega \qquad (4.41)$$

将式（4.41）代入式（4.40），并引入式（4.36），对于离散后空间域 Ω：

$$\sum_{e=1}^{NE} \left[\iiint_{\Omega^e} \sum_{i=1}^{3} \sum_{j=1}^{3} k_r(h_c) k_{ij}^s \frac{\partial N_n}{\partial x_i} \frac{\partial(N_m h_m)}{\partial x_i} d\Omega \right] + \sum_{e=1}^{NE} \left[\iiint_{\Omega^e} \sum_{i=1}^{3} k_r(h_c) k_{i3}^s \frac{\partial N_n}{\partial x_i} d\Omega \right]$$

$$+ \sum_{e=1}^{NE} \left[\iiint_{\Omega^e} N_n \left[C(h_c) + \beta S_s \right] \frac{\partial(N_m h_m)}{\partial t} d\Omega \right]$$

$$+ \sum_{e=1}^{NE} \left[\iiint_{\Omega^e} N_n Q d\Omega + \oiint_{\Gamma_2} q_n N_n dS \right] = 0 \qquad (4.42)$$

在式（4.42）中，令

$$[A] = \sum_{e=1}^{NE} \left[\iiint_{\Omega^e} \sum_{i=1}^{3} \sum_{j=1}^{3} k_r(h_c) k_{ij}^s \frac{\partial N_n}{\partial x_i} \frac{\partial N_m}{\partial x_i} d\Omega \right]$$

$$[B] = \sum_{e=1}^{NE} \left[\iiint_{\Omega^e} N_n N_m \left[C(h_c) + \beta S_s \right] d\Omega \right]$$

$$\{P\} = - \sum_{e=1}^{NE} \left[\iiint_{\Omega^e} \sum_{i=1}^{3} k_r(h_c) k_{i3}^s \frac{\partial N_n}{\partial x_i} d\Omega \right] - \sum_{e=1}^{NE} \left[\iiint_{\Omega^e} N_n Q d\Omega + \oiint_{\Gamma_2} q_n N_n dS \right]$$

则式（4.42）变为

$$[A]\{h_c\} + [B] \left\{ \frac{\partial h_c}{\partial t} \right\} = \{P\} \qquad (4.43)$$

显然当求解的是稳定渗流场时，式（4.43）简化为

$$[A]\{h_c\} = \{P\} \qquad (4.44)$$

对于饱和渗流场，参照式（4.29），式（4.43）改为

$$[A']\{h\} + [B'] \left\{ \frac{\partial h}{\partial t} \right\} = \{P'\} \qquad (4.45)$$

式中：$[A'] = \sum_{e=1}^{NE} \left[\iiint_{\Omega^e} \sum_{i=1}^{3} \sum_{j=1}^{3} k_{ij}^s \frac{\partial N_n}{\partial x_i} \frac{\partial N_m}{\partial x_i} d\Omega \right]$；$[B'] = \sum_{e=1}^{NE} \left[\iiint_{\Omega^e} S_s N_n N_m d\Omega \right]$；

$$[P'] = -\sum_{e=1}^{NE} \left[\iiint_{\Omega^e} N_n Q \mathrm{d}\Omega + \oiint_{\Gamma_2} q_n N_n \mathrm{d}S \right]。$$

若求解的是稳定饱和渗流场，直接将式（4.45）改为

$$[A']\{h\} = \{P'\} \tag{4.46}$$

4.4.2.3　有限元求解关键技术

1. 入渗流量列阵

在有限元法中，在处理流量边界时，首先将分布在单元面上的流量转化为结点入渗流量。设某单元面有实际入渗流量 $q_s(t)$，则入渗流量列阵计算公式为

$$\{R\}_t^e = \int_s q_s(t)\{N\}^e \mathrm{d}S \tag{4.47}$$

式中：S 为承受降雨入渗的单元面；$\{R\}_t^e$ 为 t 时刻的单元入渗流量列阵；$\{N\}^e$ 为形函数列阵。

如果是空间 8 结点等参数单元，则有

$$\{N\}^e = [N_1 \quad N_2 \quad N_3 \quad N_4 \quad N_5 \quad N_6 \quad N_7 \quad N_8] \tag{4.48}$$

由于单元可能是各种形状的六面体，无法确定积分的上下限，所以往往不直接计算式（4.48），而是转化为在局部坐标系 $\xi\eta\zeta$ 中的积分。设降雨发生在局部坐标 $\xi = \pm 1$ 的面上，则上式可以变为

$$\int_{\Gamma_r} N_m q_r \mathrm{d}S = \int_{-1}^{1}\int_{-1}^{1} N_m q_r \mathrm{d}S \tag{4.49}$$

令

$$E_\xi = \left[\frac{\partial x}{\partial \xi}\right]^2 + \left[\frac{\partial y}{\partial \xi}\right]^2 + \left[\frac{\partial z}{\partial \xi}\right]^2$$

$$E_{\xi\eta} = \frac{\partial x}{\partial \xi}\frac{\partial x}{\partial \eta} + \frac{\partial y}{\partial \xi}\frac{\partial y}{\partial \eta} + \frac{\partial z}{\partial \xi}\frac{\partial z}{\partial \eta} \tag{4.50}$$

则在式（4.49）中有

$$\mathrm{d}s = \sqrt{E_\xi E_\eta - E_{\xi\eta}^2}\, \mathrm{d}\xi \mathrm{d}\eta \tag{4.51}$$

对式（4.47）应用高斯数值积分，则有

$$\{R\}_t^e = \sum_{i=1}^{ng}\sum_{j=1}^{ng} W_i W_j q_s(t)\{N\}^e (E_\xi E_\eta - E_{\xi\eta}^2)^{1/2} \tag{4.52}$$

式中：ng 为高斯点个数；W_i，W_j 分别为第 i，j 个高斯点权重。

如果入渗发生在单元的其他面上，只要将式（4.52）中的 ξ，η，ζ 进行轮换即可。式（4.52）即为可以直接应用于程序设计的计算单元降雨入渗流量列阵的公式。

2. 实际入渗流量的确定

式（4.52）中的 $q_s(t)$ 不是固定不变的，而是随着降雨强度和降雨持续时间的变化而变化的。

对于任一单元面，首先计算其外法线方向余弦。设该面对应的面结点为 i，j，k 和 m，绕向为逆时针方向。当单元面中互不相同的结点数少于 3 个，即单元面为 1 个结点或 1 条线时，不需要计算该面的方向余弦。否则，如果设该面中 3 个互不相同的结点为 i，j 和 k，则可以得到两个不为零，且互不平行的向量 $\vec{a}$ 和 $\vec{b}$：

$$\vec{a}=(a_x,a_y,a_z)=(x_j-x_i,y_j-y_i,z_j-z_i) \tag{4.53}$$

$$\vec{b}=(b_x,b_y,b_z)=(x_k-x_j,y_k-y_j,z_k-z_j) \tag{4.54}$$

根据矢量代数：

$$\vec{r}=\vec{a}\times\vec{b}=\begin{vmatrix} \vec{i} & \vec{j} & \vec{k} \\ a_x & a_y & a_z \\ b_x & b_y & b_z \end{vmatrix}=(r_x,r_y,r_z) \tag{4.55}$$

如果 $r=\sqrt{r_x^2+r_y^2+r_z^2}$，则单元面的外法线方向余弦的各分量为

$$n_x=r_x/r;n_y=r_y/r;n_z=r_z/r \tag{4.56}$$

在求得了单元面的外法线方向余弦之后，可以很简单地得到降雨在单元面法线方向上的分量：

$$q_n(t)=\varepsilon_r(t)n_z \tag{4.57}$$

要确定实际降雨入渗流量，还需要计算实际入渗能力。单元面上任意一点处的压力水头为

$$h_c=N_i h_{ci} \tag{4.58}$$

则可以得到任意一点 3 个方向上的实际入渗能力的计算公式：

$$R_i(t)=k_{ij}^s k_r(h_c^t)\frac{\partial N_m h_{cm}^t}{\partial x_j}+k_{i3}^s k_r(h_c^t) \tag{4.59}$$

然后根据式（4.60）转化为法线方向上的入渗能力 $R(t)$：

$$R(t)=R_r(t)n_x+R_2(t)n_y+R_3(t)n_z \tag{4.60}$$

3. 有限元法求解的时间差分近似格式

上述有限元求解式（4.43）实际是求解计算域 Ω 内压力水头分布的一阶非线性微分方程组，由于式（4.43）中除列阵 $\left\{\dfrac{\partial h_c}{\partial t}\right\}$ 外，其余各项均不含时间变量 t，因此，式（4.43）是相对于时间变量 t 的常微分方程组，对式（4.43）两边同时乘以 $\mathrm{d}t$，并从 t^{k-1} 到 t^k 积分，则有

$$\int_{t^{k-1}}^{t^k}[A]\{h_c\}\mathrm{d}t+\int_{t^{k-1}}^{t^k}[B]\left[\frac{\partial h_c}{\partial t}\right]\mathrm{d}t=\int_{t^{k-1}}^{t^k}\{P\}\mathrm{d}t \tag{4.61}$$

因为 $[A]$、$[B]$、$\{P\}$ 均不包含时间变量 t，则 $[A]$、$[B]$、$\{P\}$ 可相应地提到积分号前。设从 t^{k-1} 到 t^k 积分对应第 k 时步迭代计算结果，在进行第 k 时步迭代计算前第 $(k-1)$ 时步迭代计算结果已知，$k=1$ 时步对应渗流

场压力水头初值。

当迭代时段 $\Delta t^k = t^k - t^{k-1}$ 足够小时，可以认为

$$\int_{t^{k-1}}^{t^k} \{h_c(t)\} dt = \{\overline{h_c}(t)\} \Delta t \tag{4.62}$$

另外，对于式（4.61）左边第 2 项：

$$\int_{t^{k-1}}^{t^k} \left[\frac{\partial h_c}{\partial t}\right] dt = \{h_c^k\}\{h_c^{k-1}\} \tag{4.63}$$

将式（4.62）、式（4.63）代入式（4.61）可得

$$[A]\{\overline{h_c}\} + [B]\frac{\{h_c^k\} - \{h^{k-1}\}_c}{\Delta t^k} = \{P\} \tag{4.64}$$

在地下水计算中，当迭代时段 Δt^k 内水位变化比较缓慢时，可将 $\overline{h_c}$ 写成如下形式：

$$\{\overline{h_c}\} = \alpha\{h_c^k\} + (1-\alpha)\{h_c^{k-1}\} \tag{4.65}$$

将式（4.65）代入式（4.64）可得

$$[A]\alpha\{h_c^k\} + (1-\alpha)\{h_c^{k-1}\} + [B]\frac{\{h_c^k\} - \{h_c^{k-1}\}}{\Delta t^k} = \{P\}, 0 \leqslant \alpha \leqslant 1 \tag{4.66}$$

按照迭代格式，式（4.66）就是

$$\left(\alpha[A] + \frac{[B]}{\Delta t^k}\right)\{h_c^k\} = \{P\} - (1-\alpha)[A]\{h_c^{k-1}\} + \frac{[B]\{h_c^{k-1}\}}{\Delta t^k} \tag{4.67}$$

由于选取 α 值的不同，压力水头的加权平均值 $\{\overline{h_c}\}$ 的含义也不同，这就形成了不同的有限元方程时间差分格式。

（1）当 $\alpha = 0$ 时，$\{\overline{h_c}\} = \{h_c^{k-1}\}$，此时用 t^{k-1} 时刻的压力水头值 $\{h_c^{k-1}\}$ 近似作为 Δt^k 时段的平均压力水头值，此时可得式（4.67）的显式差分格式：

$$\frac{[B]}{\Delta t^k} - \{h_c^k\} = \{P\} - [A]\{h_c^{k-1}\} + \frac{[B]\{h_c^{k-1}\}}{\Delta t^k} \tag{4.68}$$

（2）当 $\alpha = 1$ 时，$\{\overline{h_c}\} = \{h_c^k\}$，此时用 t^k 时刻的压力水头值 $\{h_c^k\}$ 近似作为 Δt^k 时段的平均压力水头值，此时可得式（4.67）的隐式差分格式：

$$\left([A] + \frac{[B]}{\Delta t^k}\right)\{h_c^k\} = \{P\} + \frac{[B]\{h_c^{k-1}\}}{\Delta t^k} \tag{4.69}$$

（3）当 $\alpha = \frac{1}{2}$ 时，$\{\overline{h_c}\} = \frac{\{\overline{h_c}\} + \{h_c^{k-1}\}}{2}$，此时取 t^{k-1} 时刻的压力水头值 $\{h_c^{k-1}\}$ 和 t^k 时刻的压力水头值 $\{h_c^k\}$ 两者的平均值近似作为 Δt^k 时段的平均压力水头值，此时可得式（4.67）的中心式差分格式：

$$\left(\frac{1}{2}[A] + \frac{[B]}{\Delta t^k}\right)\{h_c^k\} = \{P\} - \frac{1}{2}[A]\{h_c^{k-1}\} + \frac{[B]\{h_c^{k-1}\}}{\Delta t^k} \tag{4.70}$$

对于不同的 α 值对方程求解稳定性的影响在后文中有比较详细的叙述。显然显式差分格式稳定性最差；中心差分格式仅适用于整个计算时段内渗流场保持非饱和状态，或者饱和区 S_s 处大于 0 情况；隐式差分格式是无条件稳定的，本文依据隐式差分格式编制了相应的有限元计算程序。

4.4.2.4 有限元方程求解的稳定性分析

1. 迭代时间步长的选取

对于非稳定渗流场的计算，需要涉及对时间变量进行离散。一般来说，缩小时间步长可以提高计算的精度，但这会导致计算工作量扩大，甚至无法计算；若扩大时间步长，计算工作量是得到了有效控制，但计算误差则明显增大和累积，甚至出现迭代不收敛，计算无法进行的情况。当前，对迭代计算中时间步长的选取尚无成熟的理论和方法可以遵循，一般都是针对具体工程问题通过试算来确定。

对于地下水非稳定渗流，当边界条件显著变化时，地下水位变化也较大，但随着时间的延续，地下水的侧向补给和垂直补给不断增加，地下水位的变化趋于平缓。一般情况下，在地下水位变化较大时，选择较小的时间步长；而在地下水变化比较平缓时，选择较大的时间步长。在 2 个相邻的时间步长之间，变化不宜太大，一般可按下式进行控制。

$$\Delta t^{k+1} = G\Delta t^k, 1 \leqslant G \leqslant 2 \tag{4.71}$$

2. 有限元方程求解稳定性条件

有限元方程求解稳定性条件按下式确定：

$$\Delta t \leqslant \frac{\sum_{e=1}^{NE} B_{ij}^e}{(1-\alpha)\sum_{e=1}^{NE} A_{ij}^e}, i=1,2,\cdots,NP; j=1,2,\cdots,NP \tag{4.72}$$

式中：NE 为离散单元总数；NP 为离散总结点数。

当 $\alpha=0$ 时，即可得显式差分时的稳定条件 $\Delta t \leqslant \sum_{e=1}^{NE} B_{ij}^e (\sum_{e=1}^{NE} A_{ij}^e)^{-1}$；当 $\alpha=1$ 时，即可得隐式差分时的稳定条件 $\Delta t \leqslant \infty$；当 $\alpha=1/2$ 时，即可得中心差分时的稳定条件 $\Delta t \leqslant 2\sum_{e=1}^{NE} B_{ij}^e (\sum_{e=1}^{NE} A_{ij}^e)^{-1}$。显然，选择隐式差分格式时，时间步长的选择从理论上讲无任何限制条件，这就是说，隐式差分格式理论上是无条件稳定的，这也是本书选择隐式差分格式编制有限元程序的主要原因。

4.5 降雨入渗条件下饱和-非饱和渗流计算有限元程序的研制

根据上述有限元计算格式和时间差分格式以及边界条件的处理方法，采用

FORTRAN 90 语言编制了求解考虑有地表入渗的二维稳定、非稳定、饱和-非饱和渗流场的有限元计算程序 UNSEEPAGE3D。

4.5.1　程序功能

程序主要由 3 部分组成，分别为前处理部分、主程序计算部分和后处理部分，具体功能如下。

1. 前处理部分的主要功能

（1）根据所建的地质模型，可提取关于计算区域的几何边界信息、材料分区信息。

（2）按计算要求自动生成有限元节点信息和单元信息。

（3）模型剖分的单元可为三角形三节点和三角形六节点单元，也可以是四边形四节点和四边形九节点等参单元，以适应计算区域的复杂边界形状。

（4）根据不同材料分区中的材料信息，以及离散点所表示的每种材料的土-水特征曲线信息，生成渗透性函数的连续信息。

（5）入渗边界可以是随时间变化的序列，而入渗边界上的不同区域也可以有不同的入渗强度，适合模拟实际的降雨情况。

2. 主程序计算部分的主要功能

（1）计算稳定渗流场问题。

（2）计算饱和-非稳定渗流问题。

（3）计算饱和-非饱和-非稳定渗流问题。

（4）计算降雨入渗条件下的饱和-非饱和-非稳定渗流问题。

（5）上述各种情况下，可考虑边界水位变化、排水和防渗帷幕等因素。

（6）程序运行过程中可中途停止，而后再继续运行，并在继续运行之前可以改变边界条件和材料信息。

3. 后处理部分的主要功能

后处理部分的功能主要包括各种计算成果的绘制，如所需的压力水头等值线图、总水头等值线图、水平渗透坡降等值线图、垂直渗透坡降等值线图、总渗透坡降等值线图以及渗流矢量图等。

总之，UNSEEPAGE3D 程序充分应用 FORTRAN 语言的模块化语言特征，将子程序设为程序的基本块，每块具有独立、明确的功能含义；子程序之间信息传递一般借助公共块。程序能满足复杂实际工程的要求，并具有较好的灵活性。

4.5.2　程序框图

UNSEEPAGE3D 程序框图如图 4.4 所示。

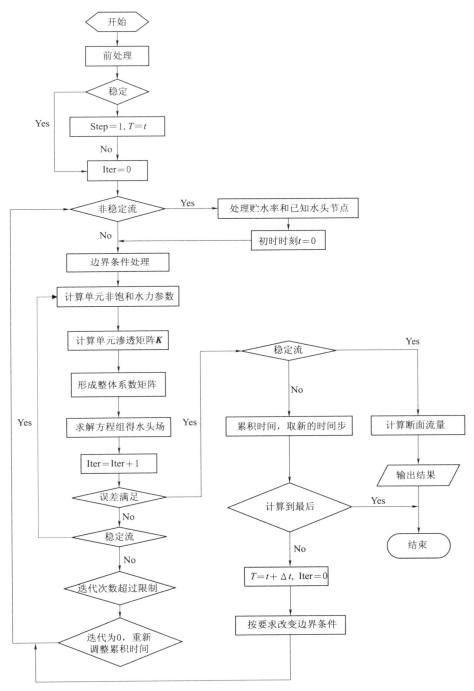

图 4.4 UNSEEPAGE3D 程序框图

江西省典型自然边坡降雨过程稳定性

5.1 概述

本章基于江西省滑坡地质灾害典型区域降雨时空分布特征、典型自然边坡的岩土结构组成及其物理力学特性和 5 个概化模型等研究成果，引入降雨入渗条件下饱和-非饱和渗流数值模拟技术以确定模型的降雨过程暂态渗流场，同时采用工程界广泛认可的边坡稳定极限平衡分析方法——Morgenstern - Price 法计算各模型的降雨过程稳定安全系数，以揭示江西省自然边坡失稳过程及其与降雨特征之间的内在联系。

5.2 边坡稳定计算方法及相关理论

5.2.1 安全系数定义

边坡沿着某一滑动面滑动的安全系数 K 定义为：将土的抗剪强度指标降低为 c'/K 和 $\tan\varphi'/K$，则土体沿着此滑动面处达到极限平衡，即

$$\tau = c'_e + \sigma'_n \tan\varphi'_e \tag{5.1}$$

$$c'_e = \frac{c'}{K} \tag{5.2}$$

$$\tan\varphi'_e = \frac{\tan\varphi'}{K} \tag{5.3}$$

5.2.2 静力平衡条件

本项目给出边坡稳定的刚体极限平衡法通式，即通用条分法计算式，该法适用于任意滑动面形状的边坡稳定分析，其他简化方法（如简化 Bishop 法、Janbu 法等）只是其中的一种特殊情况。

通用条分法中，每个土条和整个滑动土体都满足力和力矩平衡条件，且正应力和剪应力服从摩尔-库仑强度准则。在边坡某一土条上的作用力如图 5.1 所示。

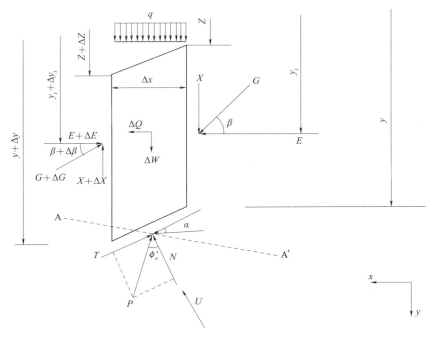

图 5.1　土条上的作用力示意图

对土条建立 x 和 y 方向的静力平衡方程：

$$\Delta N \sin\alpha - \Delta T \cos\alpha + \Delta Q - \Delta(G\cos\beta) = 0 \qquad (5.4)$$

$$-\Delta N \cos\alpha - \Delta T \sin\alpha + (\Delta W + q\Delta x) + \Delta(G\sin\beta = 0) \qquad (5.5)$$

同时，将作用在土条上的力对土条底中点取矩，建立力矩平衡方程：

$$(G + \Delta G)\cos(\beta + \Delta\beta)\left[(y + \Delta y) - (y_t + \Delta y_t) - \frac{1}{2}\Delta y\right] = 0 \qquad (5.6)$$

对于条间力，Morgenstern 和 Price 假定 $\beta(x)$ 符合某一分布形状，即

$$\tan\beta = \lambda f(x) \qquad (5.7)$$

根据摩尔-库仑强度准则，设土条底的法向力和切向力分别为 N 和 T，则

$$\Delta T = c'_e \Delta x \sec\alpha + (\Delta N - u\Delta x \sec\alpha)\tan\varphi'_e \qquad (5.8)$$

以上式 (5.4) ～式 (5.8) 均在假定 $\Delta x \to 0$ 的条件下推出的平衡微分方程，且都隐含安全系数 K，通过迭代求解即可求出安全系数 K。

本书边坡稳定评价以 Morgenstern - Price 法的计算成果为依据，其中条间

力作用函数为半正弦函数，相关原理参见《土质边坡稳定分析——原理·方法·程序》（陈祖煜，中国水利水电出版社，2003）一书相关内容。

5.2.3　计算程序说明

边坡稳定性计算采用加拿大 GEO - SLOPE International，Ltd. 公司研发的计算软件系统，其主要功能和特点如下：

（1）计算过程可视化。可提取各土条作用力矢量信息，查看关键滑动面搜索过程等。

（2）考虑非饱和土抗剪强度。采用 Fredlund 于 1993 年提出的岩土体吸水软化抗剪强度公式（见第 4 章 4.1.2 节），可考虑非饱和带基质吸力对岩土体抗剪强度的贡献以及暂态附加水荷载对边坡稳定的不利作用，故适用于降雨入渗影响下的非饱和边坡稳定性分析。

（3）可基于 Monte Carlo 法随机模拟技术和统计抽样理论，对复杂边坡进行可靠度风险分析，评价指标包括失事概率和可靠度指标，相关理论参见本章 5.8.1 节。

（4）可计入渗透力和地震力对边坡稳定的影响，其中渗透力的作用等效为表面水压力的作用来考虑，地震力采用拟静力法考虑。

（5）滑动面可以是任意形状。既可自动搜索确定最危险滑动面（其基本原理见本章 5.6 节），也可用于分析已知滑动面的边坡稳定性。

（6）可考虑岩土体抗剪强度的非线性特性和各向异性。

（7）可用于边坡工程加固设计，如考虑锚杆、锚索、抗滑桩以及挡土墙等支护措施时的稳定性验算和反分析。

（8）除 Morgenstern - Price 法外，程序可同时提供通用条分法、简化 Bishop 法、简化 Janbu 法、修正的 Janbu 法、瑞典圆弧法、工程师兵团法以及斯宾塞法等多种计算方法的计算成果。

5.3　计算参数的选取

5.3.1　物理力学参数

计算参数是影响计算结果的关键因素，在实地踏勘和已有试验成果的基础上，对各概化模型的岩土层结构、组成及物理力学指标进行了较为详尽的统计和分析，详见第 3 章 3.3 节。各典型滑坡体计算指标均考虑了与非计算指标之间的关联性，并同时尽量在参考类似工程的基础上选取，以最大程度上反映其物理力学特性（表 5.1 和表 5.2）。

表 5.1　　　　　　　　各典型滑坡体物理力学参数选取表

参数指标	典型滑坡 1		典型滑坡 2		典型滑坡 3		典型滑坡 4		典型滑坡 5	
	残坡积碎石土	中粗粒花岗岩	残坡积层	变质砂岩	残坡积层	花岗闪长岩	残坡积层	黑云母花岗岩	残坡积层	变质砂岩
天然容重/(kN/m^3)	18.64	25.51	16.87	25.48	16.87	26.35	20.11	25.51	17.56	25.48
饱和容重/(kN/m^3)	19.18	26.00	17.56	25.75	17.78	26.80	20.72	26.00	18.75	25.75
黏聚力 c'/kPa	10.00	158.00	5.00	145.00	10.00	185.00	8.00	167.00	15.00	145.00
内摩擦角 φ' (φ^b)/(°)	22.50 (11.50)	35.26	16.50 (8.50)	30.50	22.50 (9.00)	37.50	10.00 (6.50)	33.40	22.50 (11.00)	30.50

注　基岩（花岗岩和变质砂岩）物理力学参数主要参考《水工设计手册》（基础理论）"岩石强度特性"相关资料选取。

表 5.2　　　　　　各典型滑坡体渗透分区综合饱和渗透系数取值表

土层分区	典型滑坡 1	典型滑坡 2	典型滑坡 3	典型滑坡 4	典型滑坡 5
残坡积层/(cm/s)	4.16×10^{-4}	2.36×10^{-3}	1.17×10^{-4}	1.67×10^{-3}	3.78×10^{-4}
基岩岩层/(cm/s)	1.50×10^{-4}	5.50×10^{-5}	1.50×10^{-5}	8.00×10^{-4}	1.50×10^{-4}

5.3.2　非饱和水力参数

据地质勘察等资料，各典型滑坡体地下水类型主要为孔隙潜水和基岩裂隙水。其中，孔隙潜水主要赋存于残坡积层中，一般具中等透水性，含水量相对较丰富，为大气降雨或基岩裂隙水补给，排泄于河床或低洼地带。

基岩的渗透性不均一，含水层通常是在裂隙性岩体中。一般在弱风化层以上岩体透水性较好，具中等至强透水性，在弱风化层以下为弱透水岩层。

根据第 3 章 3.4 节的概化模型研究结论以及第 4 章 4.4.1 节的相关理论和计算公式，同时参照地质勘察中试验成果和相关地质描述，用于降雨入渗饱和-非饱和渗流计算的渗透参数见表 5.2 及图 5.2～图 5.6。

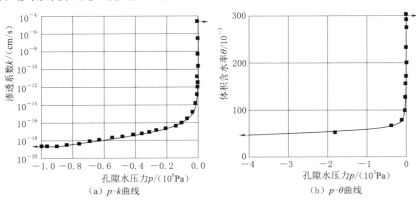

图 5.2　典型滑坡 1 渗流计算参数曲线

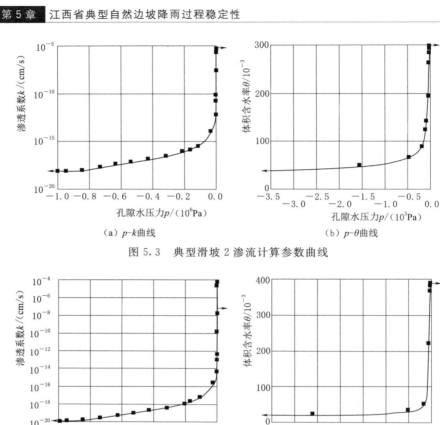

（a）p-k曲线　　　　　　　　　　（b）p-θ曲线

图 5.3　典型滑坡 2 渗流计算参数曲线

（a）p-k曲线　　　　　　　　　　（b）p-θ曲线

图 5.4　典型滑坡 3 渗流计算参数曲线

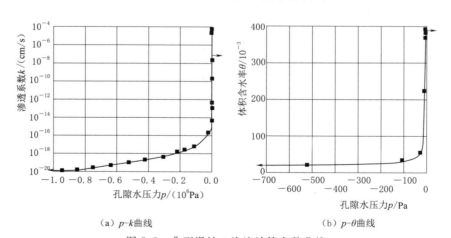

（a）p-k曲线　　　　　　　　　　（b）p-θ曲线

图 5.5　典型滑坡 4 渗流计算参数曲线

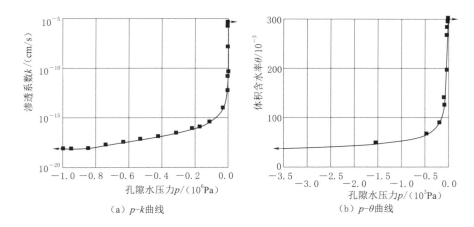

（a）p–k曲线　　　　　　　　　　（b）p–θ曲线

图 5.6　典型滑坡 5 渗流计算参数曲线

5.4　计算方案的确定

为研究江西省典型滑坡的降雨过程的稳定性，对 5 个典型滑坡体的降雨过程做了统计分析工作，并对每个滑坡体概化出两种典型雨型，即单峰型和等强型。其中单峰型雨型主要基于 6 小时和 24 小时暴雨实测资料的统计分析结果得到，降雨峰值集中在 6 小时内；而等强型雨型即是将整个降雨过程概化成雨强不变的一个过程。

同时，基于各暴雨中心代表站的统计资料，概化出两种典型降雨过程，即典型暴雨极值降雨过程和典型暴雨均值降雨过程（均为单峰型，详见第 2 章相关内容），分别称为降雨过程 1 和降雨过程 2，而等强型降雨过程称为降雨过程 3。整个暴雨过程历时 24 小时，之后为 48 小时的无雨过程（降雨停止）。典型滑坡降雨概化模型见图 5.7。对于每个典型滑坡体均有 3 种计算工况：

（1）工况 1：降雨过程 1——典型暴雨极值降雨过程（单峰型）。

（2）工况 2：降雨过程 2——典型暴雨均值降雨过程（单峰型）。

（3）工况 3：降雨过程 3——典型等强型降雨过程（等强雨型）。

由此模拟出每个典型滑坡体对降雨雨型、雨强等降雨特征参数的敏感性以及相应降雨过程稳定性的变化过程。

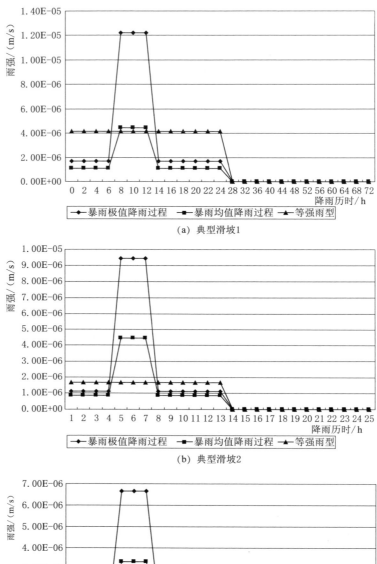

（a）典型滑坡1

（b）典型滑坡2

（c）典型滑坡3

图 5.7（一）　典型滑坡降雨概化模型图

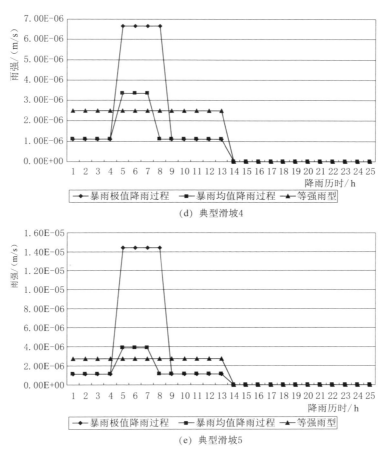

(d) 典型滑坡4

(e) 典型滑坡5

图 5.7（二）　典型滑坡降雨概化模型图

5.5　计算模型的建立

边坡稳定计算分析中，对实测地质剖面模拟的准确程度直接影响到其关键滑动面的确定及计算成果的合理性。根据地质勘察成果及相应计算剖面的结构特点和基础地质条件，将各计算剖面划分为若干分区。

同时，在有降雨过程的饱和-非饱和渗流计算中，对各计算剖面的实体模型进行了离散。考虑到边界条件的复杂性和计算精度的要求等方面，采用三节点三角形常应变单元，其中典型滑坡 1 计算剖面共划分单元 1896 个，结点 1019 个；典型滑坡 2 计算剖面共划分单元 2061 个，结点 1181 个；典型滑坡 3 计算剖面共划分单元 2917 个，结点 1548 个；典型滑坡 4 计算剖面共划分单元

1567 个，结点 864 个；典型滑坡 5 计算剖面共划分单元 2138 个，结点 1151 个。典型滑坡有限元计算网络见图 5.8。

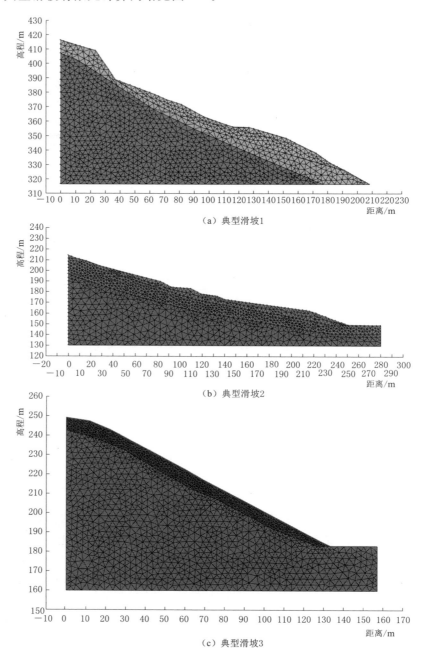

（a）典型滑坡1

（b）典型滑坡2

（c）典型滑坡3

图 5.8（一）　典型滑坡有限元计算网格图

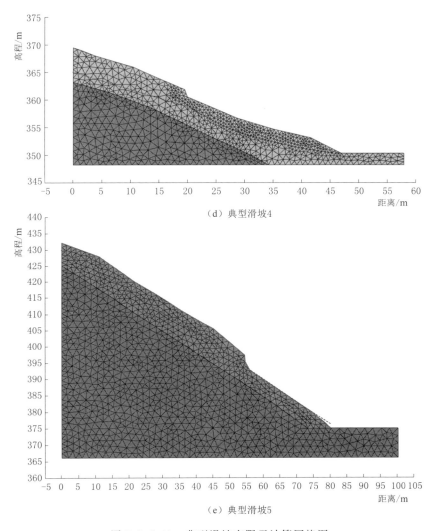

（d）典型滑坡4

（e）典型滑坡5

图 5.8（二）　典型滑坡有限元计算网格图

5.6　关键滑动面的搜索与优化技术

　　鉴于计算剖面地形地质条件的复杂性，同时为避免陷入局部最小值的困境，在搜索各工况条件下的关键滑动面位置时采用了多种优化方法，如遗传算法、遗传模拟退火算法、模拟退火随机搜速耦合算法和动态规划法等，同时与地质勘察和现场踏勘中确定的滑动面位置相互对比验证。以下简要介绍动态规划法搜索关键滑动面的基本理论。

动态规划法是 20 世纪 50 年代由 R. Bellman 和 G. B. Dantzig 发展起来的多阶段决策优化理论，其中费用最小值问题表述为

$$J = \sum_{k=0}^{N} L[x(k), u(k), k] \tag{5.9}$$

其中 $x(0)$ 如固定值 C，系统方程为

$$x(k+1) = g[x(k), k] \quad k = 0, 1, \cdots, N-1 \tag{5.10}$$

应用动态规划方法研究上述问题就是希望把实际问题嵌入到类似的问题中去。一般情况下，直接求解上述问题是困难的，但可以通过连接这一类问题中各组成部分的关系式，即可用求极值的嵌入递推方程进行求解。函数 $I(x, k)$ 规定为最小费用，则嵌入递推方程为

$$(x, k) = \min u[L(x, u, k) + I(g(x, u, k), k+1)] \tag{5.11}$$

$$I(x, 0) = \min_{u(0)} \{L[x, u(1), 1]\} \tag{5.12}$$

基于嵌入递推方程，根据 R. Bellman 的阐述，一个最优策略有这样的特性：不论初始状态和初始决策如何，相对于第一个决策所形成的状态来说，剩下的决策必定构成一个最优策略，此即为动态规划法的基本原理。

基于被工程界广泛认可的条分法（Mergenstern – Price 法）基本原理，引进动态规划理论确定边坡的关键滑动面。同时，引进辅助函数 G：

$$G = \sum_{i=1}^{n} (\tau_{fi} - F_s \tau_i) \Delta L_i = \sum_{i=1}^{n} (R_i - F_s S_i) \tag{5.13}$$

式中：R 为抗滑力；S 为滑动力。

可以设想，要使边坡安全系数 F_s 最小，等价于使式（5.13）中的 G 达到最小：

$$G_{\min} = \min(J) = \min \sum_{i=1}^{n} (R_i - F_s S_i) \tag{5.14}$$

引进动态规划，用适当多的垂直线（共 $n+1$ 条，也即单元边界线）条分边坡，如图 5.9 所示。这里每一垂直线称之为阶段（stage），初始阶段和最终阶段表示分析区域，滑动面与条分线的交点（单元结点）为状态点（state point），可以设想边坡临界滑动面必然是由各阶段的某些状态点连成的折线。

取任意两相邻阶段（即两条分线）i 和 $i+1$ 考虑，假定连接点 j 和 k 之连线 $\overline{jk}$ 是可能的临界滑动面，计算滑动面所穿过单元的 R_i 和 S_i，则

$$G_i(j, k) = R_i - F_i$$

$$R_i = \tau_f \Delta L_i = \sum_{ij=1}^{ne} R_{ij} = \sum_{ij=1}^{ne} \tau f_{ij} l_{ij} = \sum_{ij=1}^{ne} (c'_{ij} + \sigma'_{ij} \tan \varphi'_{ij}) l_{ij} \tag{5.15}$$

$$S_i = \tau_i \Delta L_i = \sum_{ij=1}^{ne} S_{ij} = \sum_{ij=1}^{ne} \tau_{ij} l_{ij}$$

引入一个"优化函数"$H_i(j)$，表示从初始阶段 i 阶段到 j 状态，即（i, j）之间 G 的最小值。根据 R. Bellman 的动态规划原理，其嵌入递推方程为

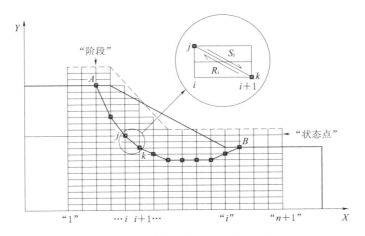

图 5.9　动态规划法的网格划分图

$$H_{i+1}(k) = H_i(j) + G_i(\overline{j,k}) \tag{5.16}$$

式中：$H_{i+1}(k)$ 为在 $i+1$ 阶段状态点 k 获得的优化函数；$H_i(j)$ 为在 i 阶段状态点 j 获得的优化函数；$G_i(i,j)$ 为滑动面穿越 i 阶段的状态点 j 和 $j+1$ 阶段的状态点 k 所获得的函数值。

在初始阶段：$H_1(j)=0$，$j=1,2,\cdots,Np_i$，Np_i 为第 i 阶段的状态点数。

到最终阶段：$i=n+1$，$H_{n+1}(k)=H_n(j)+G_n(j,k)$

$$H_{n+1}(k)=G=\sum_{i=1}^{n}(R_i-F_sS_i), k=1,2,\cdots,Np_{n+1} \tag{5.17}$$

以上即为应用动态规划方法确定边坡关键滑动面的数学模型。图 5.10 为

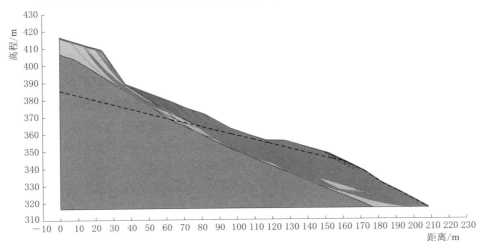

图 5.10　铜鼓县何家洞滑坡关键滑动面搜索过程图

铜鼓县何家洞滑坡关键滑动面搜索的一个过程片断和搜索结果。可见，采用上述方法可保证关键滑动面与实测滑动面基本一致。

5.7 计算结果分析

采用前文所述方法对江西省的 5 个典型滑坡体进行计算，计算结果见图 5.11～图 5.26。

1. 总体变化规律

（1）随着强降雨的进行，雨水不断入渗到边坡岩土体中，非饱和带饱和度上升，暂态水荷载增加，基质吸力（即毛细压力）降低；同时，地下水位上升，使滑动面上的孔隙水压力增加，边坡的安全系数逐渐减小，但因各典型滑坡体的降雨雨型、坡积层厚度、土层组成、透水性能和边界条件等不同，其安全系数到达最小值的时间有所差异。

（2）强降雨 24 小时之后，即降雨停止时刻开始，各典型滑坡体内地下水位继续上升，一般至雨后 8～24 小时达最大值，上升幅度为 0.55～2.15m；之后边坡内的部分孔隙水和基岩裂隙水缓慢排泄于沟谷和低洼地带，除典型滑坡 3 外，安全系数均有所回升。由于各典型边坡土体的初始含水量、土体渗透特性以及降雨量等不同，安全系数回升速率和幅度有所差异。

需要指出的是，2004 年 4—9 月，江西省气象局曾对这 5 个滑坡体的地下水位、孔隙水压力、滑带土应力以及滑坡体位移进行了实时监测，计算成果中的边坡地下水位上升幅度及其滞后降雨时间、关键滑动面位置等均与实测数据较为吻合，表明计算的理论依据充分，技术路线正确，计算成果可靠。

（3）由图 5.11（c）可见，典型滑坡 3 的安全系数在雨后 48 小时之内一直呈降低态势，其原因主要是：该边坡土体的渗透特性决定雨水入渗到关键滑动面需一定时间，孔隙水压力滞后于大气降雨，而土体内孔隙水的排出所带来的有利因素较小，故其最小安全系数（0.971）不是出现在降雨停止时刻，而是发生在雨后约 48 小时，这与江西省很多暴雨型滑坡的实际情况较为吻合。

（4）对同一滑坡体而言，降雨雨型和雨量对其稳定程度和稳定过程有一定影响：同一时刻，一般暴雨极值模型作用下的安全系数最小，暴雨均值模型作用下次之，等强雨型作用下则规律性不是很强。在等强雨型作用下，典型滑坡 1和典型滑坡 4 安全系数介于暴雨极值模型和暴雨均值模型之间，典型滑坡 2 最大，典型滑坡 5 最小，典型滑坡 3 受雨型影响的程度相对较小。一般情况下，雨型控制边坡稳定程度的下降速度，而雨量则控制边坡的最终可能稳定程度。

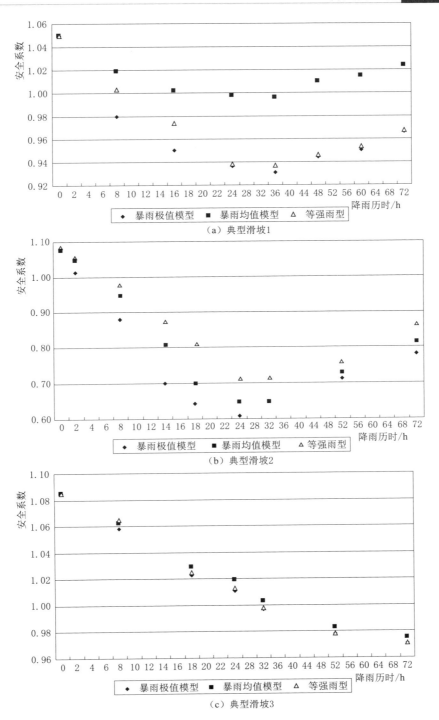

（a）典型滑坡1

（b）典型滑坡2

（c）典型滑坡3

图 5.11（一）　各典型滑坡降雨过程稳定性分布图

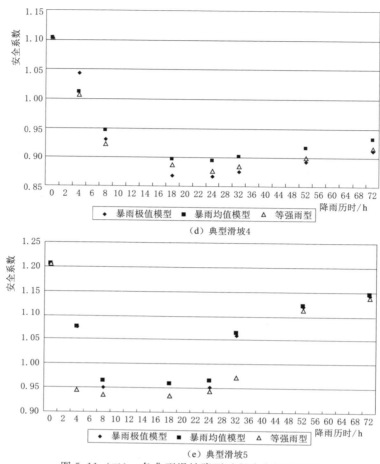

（d）典型滑坡4

（e）典型滑坡5

图 5.11（二）　各典型滑坡降雨过程稳定性分布图

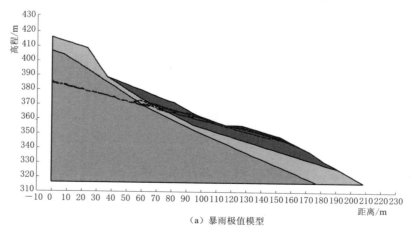

（a）暴雨极值模型

图 5.12（一）　典型边坡 1：降雨入渗时地下水位变化过程图

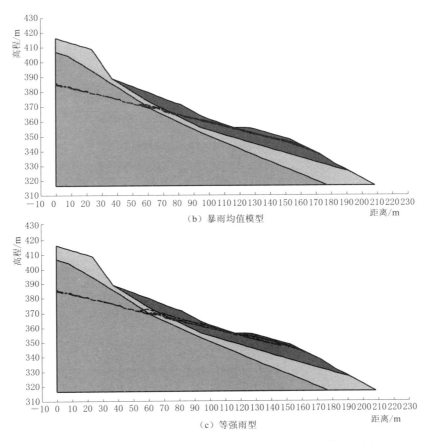

（b）暴雨均值模型

（c）等强雨型

图 5.12（二）　典型边坡 1：降雨入渗时地下水位变化过程图

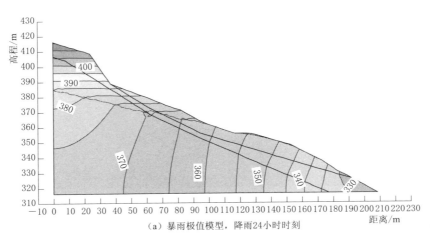

（a）暴雨极值模型，降雨24小时时刻

图 5.13（一）　典型边坡 1：降雨入渗暂态渗流场图

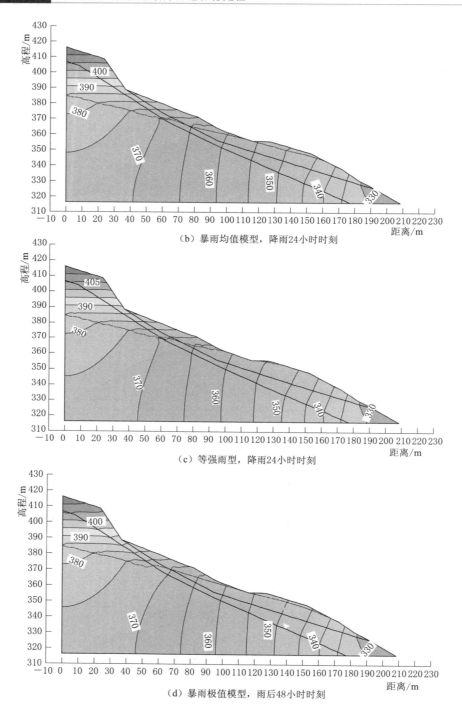

（b）暴雨均值模型，降雨24小时时刻

（c）等强雨型，降雨24小时时刻

（d）暴雨极值模型，雨后48小时时刻

图 5.13（二）　典型边坡 1：降雨入渗暂态渗流场图

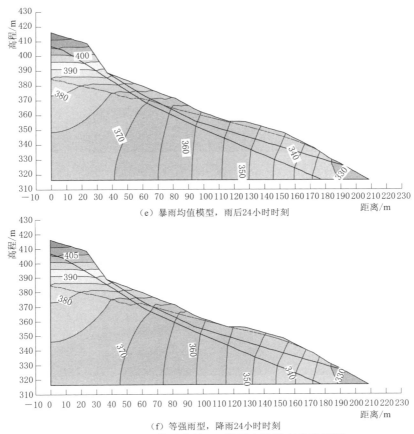

（e）暴雨均值模型，雨后24小时时刻

（f）等强雨型，降雨24小时时刻

图 5.13（三）　典型边坡 1：降雨入渗暂态渗流场图

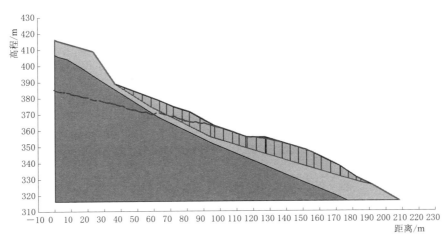

图 5.14　典型边坡 1：降雨过程稳定分析成果图

（暴雨极值模型，降雨 24 小时时刻）

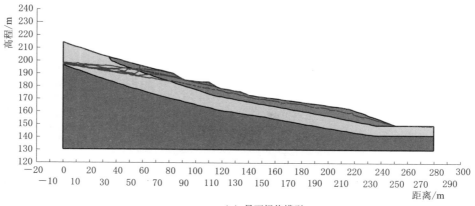

（a）暴雨极值模型

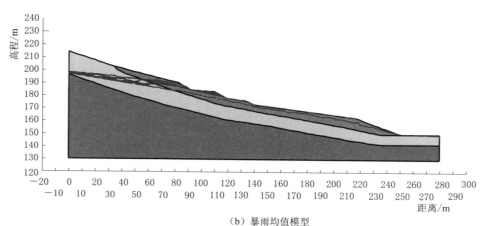

（b）暴雨均值模型

（c）等强雨型

图 5.15 典型边坡 2：降雨入渗时地下水位变化过程图

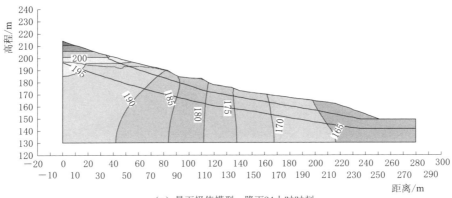

（a）暴雨极值模型，降雨24小时时刻

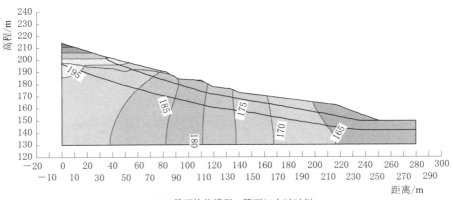

（b）暴雨均值模型，降雨24小时时刻

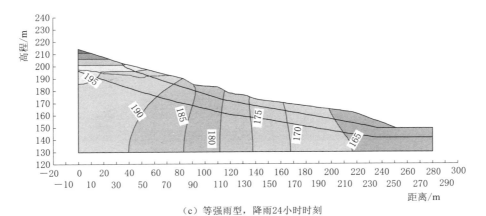

（c）等强雨型，降雨24小时时刻

图 5.16（一） 典型边坡 2：降雨入渗暂态渗流场图

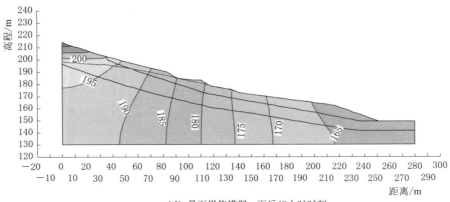

（d）暴雨极值模型，雨后48小时时刻

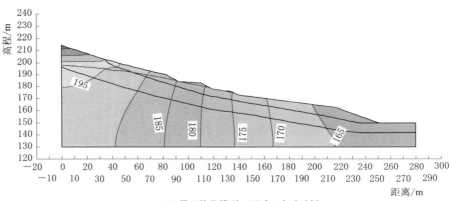

（e）暴雨均值模型，雨后24小时时刻

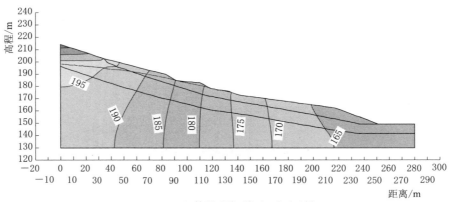

（f）等强雨型，降雨24小时时刻

图 5.16（二） 典型边坡 2：降雨入渗暂态渗流场图

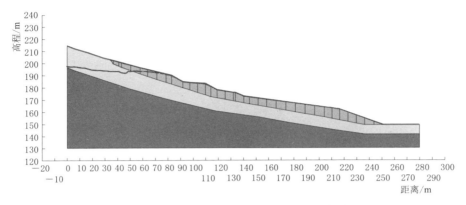

图 5.17　典型边坡 2：降雨过程稳定分析成果图

（暴雨极值模型，降雨 24 小时时刻）

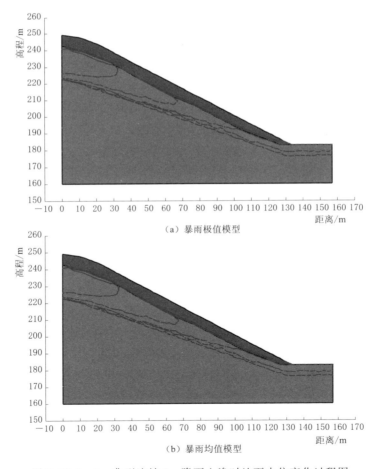

（a）暴雨极值模型

（b）暴雨均值模型

图 5.18（一）　典型边坡 3：降雨入渗时地下水位变化过程图

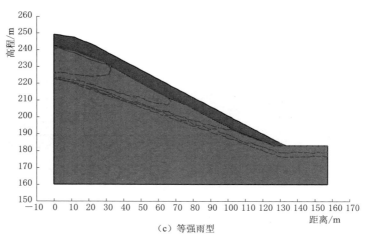

（c）等强雨型

图 5.18（二） 典型边坡 3：降雨入渗时地下水位变化过程图

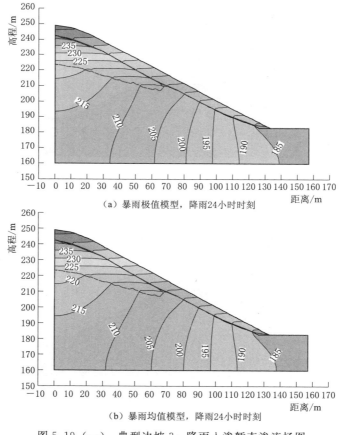

（a）暴雨极值模型，降雨 24 小时时刻

（b）暴雨均值模型，降雨 24 小时时刻

图 5.19（一） 典型边坡 3：降雨入渗暂态渗流场图

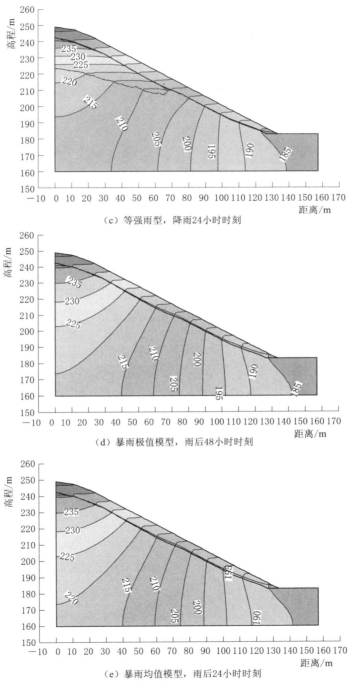

（c）等强雨型，降雨24小时时刻

（d）暴雨极值模型，雨后48小时时刻

（e）暴雨均值模型，雨后24小时时刻

图 5.19（二） 典型边坡 3：降雨入渗暂态渗流场图

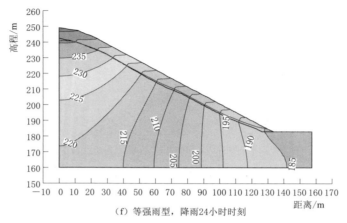

（f）等强雨型，降雨24小时时刻

图 5.19（三）　典型边坡 3：降雨入渗暂态渗流场图

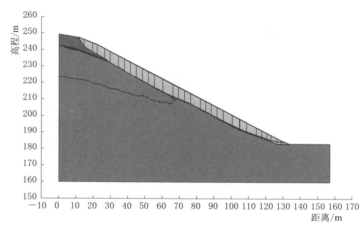

图 5.20　典型边坡 3：降雨过程稳定分析成果图（暴雨极值模型，降雨 24 小时时刻）

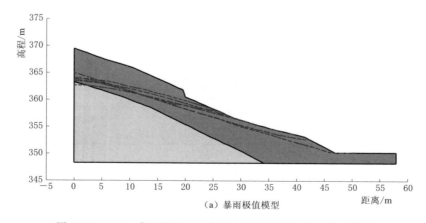

（a）暴雨极值模型

图 5.21（一）　典型边坡 4：降雨入渗时地下水位变化过程图

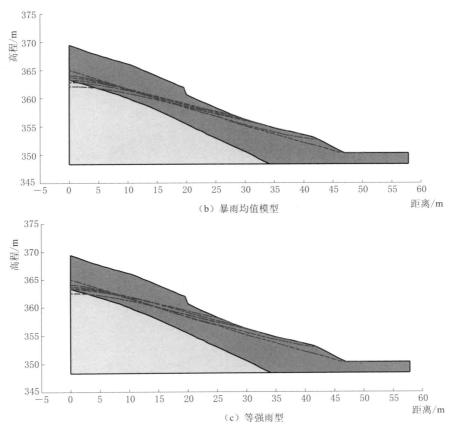

（b）暴雨均值模型

（c）等强雨型

图 5.21（二） 典型边坡 4：降雨入渗时地下水位变化过程图

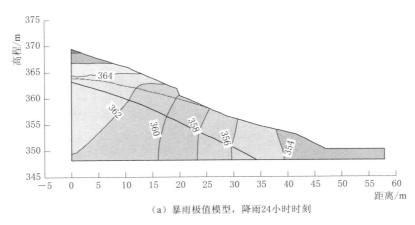

（a）暴雨极值模型，降雨 24 小时时刻

图 5.22（一） 典型边坡 4：降雨入渗暂态渗流场图

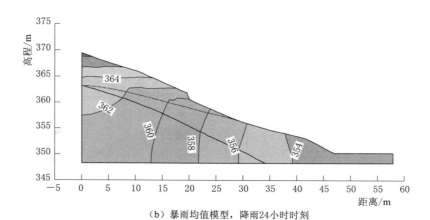

（b）暴雨均值模型，降雨24小时时刻

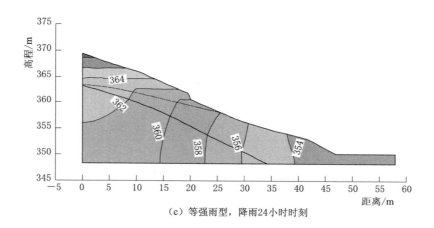

（c）等强雨型，降雨24小时时刻

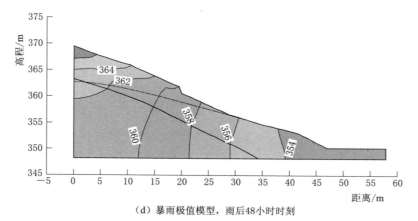

（d）暴雨极值模型，雨后48小时时刻

图 5.22（二）　典型边坡 4：降雨入渗暂态渗流场图

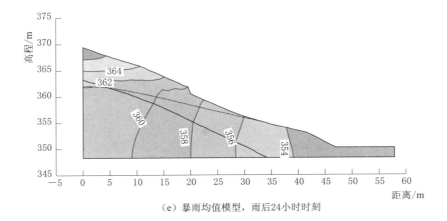

（e）暴雨均值模型，雨后24小时时刻

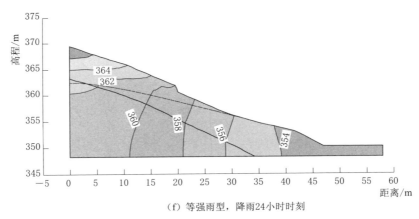

（f）等强雨型，降雨24小时时刻

图 5.22（三） 典型边坡 4：降雨入渗暂态渗流场图

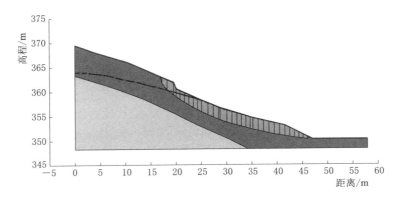

图 5.23 典型边坡 4：降雨过程稳定分析成果图

（暴雨极值模型，降雨 24 小时时刻）

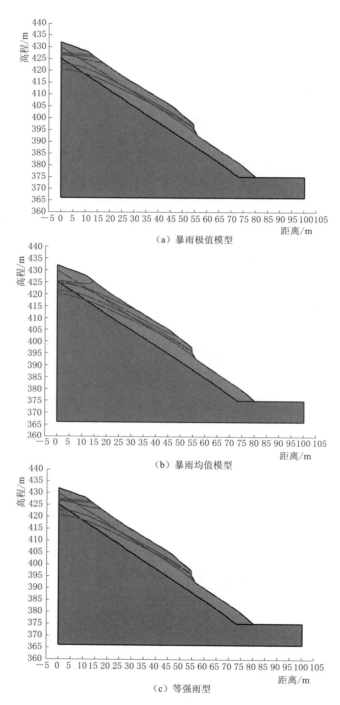

（a）暴雨极值模型

（b）暴雨均值模型

（c）等强雨型

图 5.24　典型边坡 5：降雨入渗时地下水位变化过程图

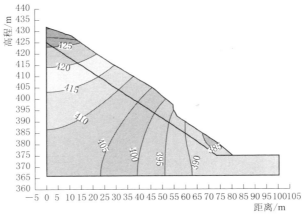

（a）暴雨极值模型，降雨24小时时刻

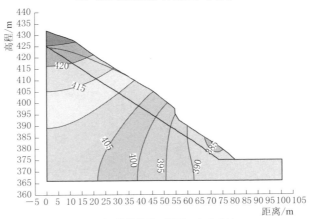

（b）暴雨均值模型，降雨24小时时刻

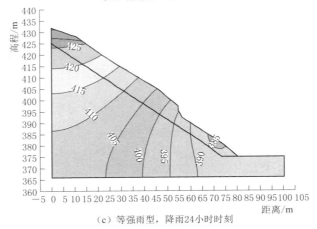

（c）等强雨型，降雨24小时时刻

图 5.25（一）　典型边坡 5：降雨入渗暂态渗流场图

101

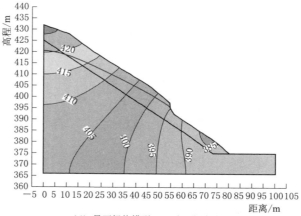

（d）暴雨极值模型，雨后48小时时刻

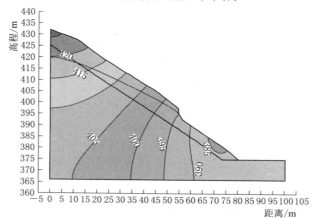

（e）暴雨均值模型，雨后24小时时刻

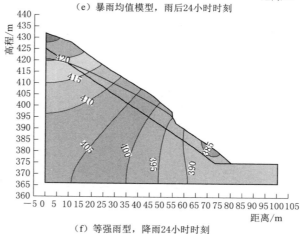

（f）等强雨型，降雨24小时时刻

图 5.25（二）　典型边坡 5：降雨入渗暂态渗流场图

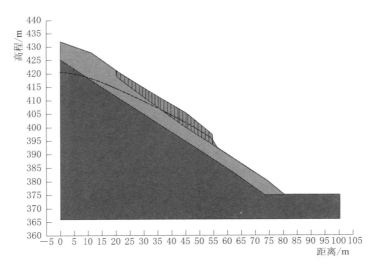

图 5.26　典型边坡 5：降雨过程稳定分析成果图
（暴雨极值模型，降雨 24 小时时刻）

2. 各典型滑坡降雨过程稳定性

（1）典型滑坡 1。初始安全系数为 1.05，在降雨过程 1、降雨过程 2 和降雨过程 3 作用下，降雨 6～12 小时边坡达到极限平衡状态，最小安全系数分别为 0.936、0.998 和 0.938，较降雨前分别降低 10.86%、4.95% 和 10.67%，均发生在雨后 12 小时时刻。至 72 小时（即雨后 48 小时）时刻，3 个降雨模型作用下的安全系数分别上升为 0.966、1.024 和 0.967。

（2）典型滑坡 2。初始安全系数为 1.078，在降雨过程 1、降雨过程 2 和降雨过程 3 作用下，因土体松散，透水性强，边坡稳定性受降雨影响下降速率较快，降雨 6 小时左右边坡即达到极限平衡状态，最小安全系数分别为 0.650、0.651 和 0.708，较降雨前分别降低 39.70%、39.61% 和 34.30%，均发生在雨后 8 小时时刻。至 72 小时（即雨后 48 小时）时刻，3 个降雨模型作用下的安全系数分别上升为 0.780、0.815 和 0.859。

（3）典型滑坡 3。初始安全系数为 1.085，在降雨过程 1、降雨过程 2 和降雨过程 3 作用下，边坡稳定性受降雨影响一直呈下降态势，至雨后 4～12 小时边坡达到极限平衡状态，最小安全系数分别为 0.971、0.975 和 0.971，较降雨前分别降低 10.51%、10.14% 和 10.51%，均发生在雨后 48 小时时刻。

（4）典型滑坡 4。初始安全系数为 1.103，在降雨过程 1、降雨过程 2 和降雨过程 3 作用下，因土体松散，透水性强，边坡稳定性受降雨影响下降速率较快，降雨 6 小时左右边坡即达到极限平衡状态，最小安全系数分别为

0.865、0.895 和 0.877，较降雨前分别降低 21.58%、18.86% 和 20.49%，均发生在降雨停止时刻，可见该边坡模型稳定性滞后降雨过程的现象不明显。至 72 小时（即雨后 48 小时）时刻，3 个降雨模型作用下的安全系数分别上升为 0.912、0.932 和 0.917。

（5）典型滑坡 5。初始安全系数 1.205，在降雨过程 1、降雨过程 2 和降雨过程 3 作用下，因土体透水性强，边坡稳定性受降雨影响下降速率较快，雨后其稳定程度恢复也较多；由图 5.11（c）可见，降雨 2~6 小时边坡即达到极限平衡状态，最小安全系数分别为 0.932、0.959 和 0.933（均发生在降雨 18 小时左右），较降雨前分别降低 22.66%、20.41% 和 22.57%；至 72 小时（即雨后 48 小时）时刻，3 个降雨模型作用下的安全系数分别上升为 1.143、1.145 和 1.139。可见该边坡模型稳定性主要受降雨量影响，而受雨型影响不明显。

5.8　典型自然边坡可靠度风险分析

5.8.1　基本原理

蒙特-卡洛（Monte-Carlo）法又称随机模拟法或统计试验法，是一种依据统计抽样理论，利用电子计算机研究随机变量的数值计算方法，是目前可靠度计算中相对精确的方法，且收敛性与极限状态方程的非线性、变量分布的非正态性无关，收敛速度与问题维数无关，适应性强。其主要思路是：按照概率定义，某事件的概率可以用大量试验中该事件发生的概率估算。因此，可先对影响其失事概率的随机变量进行大量的随机抽样，获得各变量的随机数，然后将这些随机数一组组地代入功能函数式并统计失效次数，所求得的破坏概率即失效次数与总抽样次数的比值，基本原理如下。

设具有一定分布且统计独立的随机变量 X_1，X_2，$\cdots$，X_n（假定它们的统计值已知），其对应的概率密度函数分别为 f_{X1}，f_{X2}，$\cdots$，f_{Xn}，功能函数为

$$Z = g(X_1, X_2, \cdots, X_n) \tag{5.18}$$

若把功能函数 Z 定义为安全系数，且随机地从诸变量 X_i 的全体中抽取同分布变量 x_i，则可由式（5.18）求得安全系数的一个随机样本 Z'。当重复 N 次达到预期精度时，便可得到 N 个相对独立的安全系数样本观测值 Z_1，Z_2，$\cdots$，Z_n。因安全系数所表征的极限状态为 $Z = F = 1$（F 为安全系数），故在 N 次随机抽样试验中，设 $F \leqslant 1$ 的次数为 M，则在大批抽样后，边坡破坏的概率为：

$$P_f = \frac{M}{N}$$

$$\mu_F = \frac{1}{n} \sum_{i=1}^{n} F_i$$

$$\sigma_F = \left[\frac{1}{n-1} \sum_{i=1}^{n} (F_i - \mu_F)^2 \right]^{1/2} \qquad (5.19)$$

$$\beta = \frac{\mu_F - 1.0}{\sigma_F}$$

式中：μ_F 为均值，σ_F 为标准差；β 为可靠指标。

从而可通过分布检验得出安全系数的理论分布，再通过积分方法得到破坏概率。

大量计算表明，蒙特-卡洛法的模拟成果对输入随机变量属于何种分布形式较为敏感，故随机变量分布的检验是其中的一个重要环节。本文采用 K－S 检验法对输入参数进行检验，其优点是不用对数据进行分组，使用方便，且不损失数据中的信息，对于小样本的可靠数据也是一种有效的方法。K－S 检验法的基本思想是：将样本观测值的累积频率 $[F_n(x)]$ 与假设的理论概率分布 $[F_X(x)]$ 相比较来建立统计量，在随机变量 X 的全部范围内，$[F_X(x)]$ 与 $[F_n(x)]$ 之间的最大差异为

$$D_n = \max |F_X(x) - F_n(x)| < D_n^\alpha \qquad (5.20)$$

式中：α 为显著水平；D_n 为分布依赖于 n 的随机变量；D_n^α 为显著水平 α 上的临界值。

当式 (5.20) 成立时，则认为在显著水平 α 上拟采用的分布是不能拒绝的，否则应予拒绝。

5.8.2　计算参数的选取

Morgenstern 曾将岩土工程包含的不确定因素分为管理因素、模型因素和参数因素三大类。管理因素也称人为不确定因素，模型因素主要是指几何模型、数学模型、计算方法、强度准则等所带来的不确定性，管理因素和模型因素难以定量评估，在此仅考虑参数不确定因素的影响。

边坡稳定可靠度计算分析均采用有效应力法进行。经统计，典型滑坡可靠度计算分析参数取值见表5.3。力学性参数参考直接快剪试验结果和冶金系统等设计单位的统计成果，并充分考虑各类土相应物理性指标的统计结果和分布形式，同时假定同一种土质分布特性不因剪切试验方法的差异而不同等因素综合选取。

表 5.3 典型滑坡可靠度计算分析参数取值

土层分区	统计参数	天然容重 $\gamma/(kN/m^3)$	饱和容重 $\gamma/(kN/m^3)$	黏聚力 c'/kPa	内摩擦角 $\varphi'/(°)$
典型滑坡 1 （残坡积碎石土）	均值	18.64	19.18	10.00	23.05
	标准差	0.137	0.150	3.425	3.077
	变量分布形式	正态分布	正态分布	正态分布	对数正态分布
典型滑坡 2 （残坡积土）	均值	16.87	17.56	5.00	16.50
	标准差	0.155	0.250	0.95	2.78
	变量分布形式	正态分布	正态分布	正态分布	正态分布
典型滑坡 3 （残坡积土）	均值	16.87	17.78	10.00	22.50
	标准差	0.205	0.188	1.85	3.56
	变量分布形式	正态分布	正态分布	对数正态分布	正态分布
典型滑坡 4 （残坡积土）	均值	20.11	20.72	8.00	10.00
	标准差	0.350	0.176	1.26	1.38
	变量分布形式	正态分布	对数正态分布	正态分布	正态分布
典型滑坡 5 （残坡积土）	均值	17.56	18.75	15.00	22.50
	标准差	0.189	0.159	2.78	3.87
	变量分布形式	正态分布	对数正态分布	正态分布	正态分布

5.8.3 计算结果分析

对江西省 5 个典型滑坡体在自然状态下（无降雨情况）和遭遇极值降雨（单峰型雨型）情况下的抗滑稳定可靠度进行计算（雨后 12 小时时刻）。结果见图 5.27～图 5.36。各典型滑坡整体抗滑稳定均值安全系数计算成果见表 5.4。

表 5.4 江西典型滑坡抗滑稳定随机模拟成果表 （抽样次数 5000）

计算指标	典型 滑坡 1	典型 滑坡 2	典型 滑坡 3	典型 滑坡 4	典型 滑坡 5
安全系数均值 μ_F	1.0313 (0.9383)	1.0696 (0.7241)	1.0361 (1.003)	1.0535 (0.8906)	1.0372 (0.9386)
安全系数标准差 σ_F	0.025 (0.113)	0.165 (0.086)	0.028 (0.148)	0.139 (0.124)	0.027 (0.108)
破坏概率 $p_f/\%$	10.05 (72.20)	34.15 (99.80)	9.75 (49.35)	35.40 (80.29)	8.25 (71.70)
可靠度指标 β	1.268 (−0.548)	0.423 (−3.199)	1.270 (0.018)	0.384 (−0.882)	1.367 (−0.568)
强降雨前后破坏概率倍比关系	7.18	2.92	5.06	2.27	8.69

注 括号中的数值为强降雨条件下的计算结果。

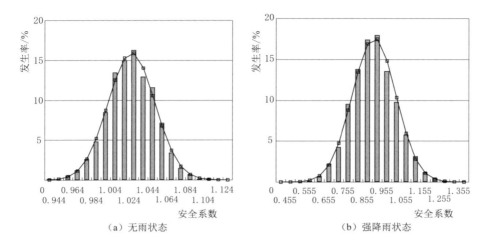

图 5.27　典型滑坡 1 稳定安全系数概率密度分布图

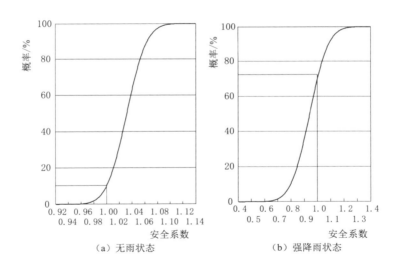

图 5.28　典型滑坡 1 稳定安全系数概率分布图

　　由计算成果可知，在自然状态条件下，各典型滑坡体的抗滑稳定安全系数均值都接近 1.00（有效应力法），安全系数标准差范围为 0.025～0.165，变异性总体较小；其中，典型滑坡 4 的破坏概率最大，为 35.4%，相应的可靠度指标为 0.384；其次为典型滑坡 2，破坏概率为 34.15%，相应的可靠度指标为 0.423；典型滑坡 5 的破坏概率相对最小，为 8.25%，相应的可靠度指标为

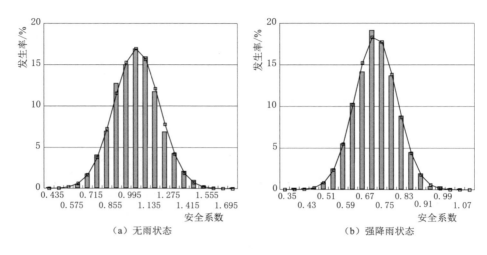

图 5.29　典型滑坡 2 稳定安全系数概率密度分布图

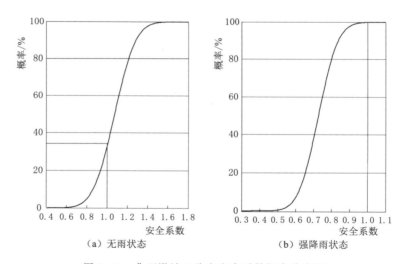

图 5.30　典型滑坡 2 稳定安全系数概率分布图

1.367，比允许值偏低较多。

　　在强降雨条件下（区域极值降雨、单峰雨型模型降雨 24 小时时刻），各典型滑坡体除抗滑稳定安全系数均值都有不同程度的降低外，相应破坏概率进一步加大，最大达 99.80%（典型滑坡 2）；由表 5.4 可见，强降雨前后，各典型滑坡的破坏概率倍比关系达到 2.27～8.69。同时可靠度指标进一步降低至零以下，最小已降至 −3.199，出现在典型滑坡 2 中。

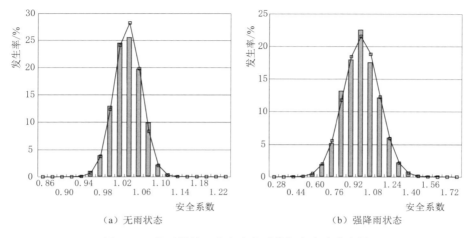

（a）无雨状态　　　　　　　　　（b）强降雨状态

图 5.31　典型滑坡 3 稳定安全系数概率密度分布图

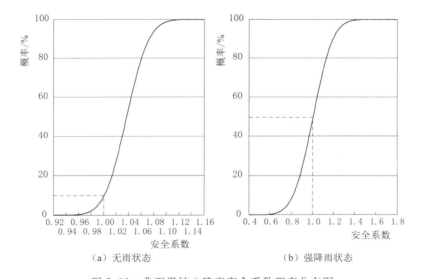

（a）无雨状态　　　　　　　　　（b）强降雨状态

图 5.32　典型滑坡 3 稳定安全系数概率分布图

根据《水利水电工程结构可靠性设计统一标准》（GB 50199—2013）规定，对于二类破坏（突发性破坏，且发生事故后难以补救或修复），Ⅲ级建筑物的可靠度指标允许值为 3.20，相应的允许破坏概率为 0.082%。如按照我国边坡治理专家陈祖煜教授和英国学者 Reid 等人介绍的分析方法（详见《土质边坡稳定分析——原理·方法·程序》，陈祖煜，中国水利水电出版社，2003年），我国滑坡、泥石流以年计的风险为 10^{-6}，最大不能超过 10^{-5}。

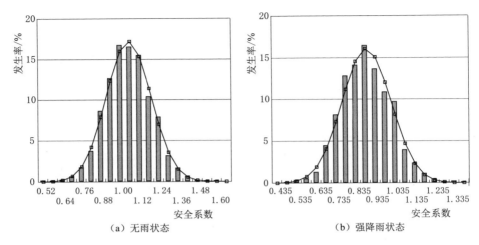

图 5.33　典型滑坡 4 稳定安全系数概率密度分布图

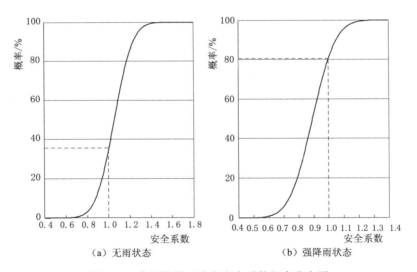

图 5.34　典型滑坡 4 稳定安全系数概率分布图

由表 5.4 可知，各典型滑坡的破坏概率均已超出可接受范围，相应的可靠度指标也超出可接受的允许值较多。尤其是在强降雨之后，破坏概率最大值为 99.80%，较降雨前增大约 2 倍之多。由此可见，各典型滑坡体的稳定性尽管在降雨前的自然状态可基本满足确定性分析要求，但在遭遇强降雨后，其破坏概率明显加大，可靠度指标显著降低，且超出可接受的允许值较多，边坡滑动失稳的概率最大超过 90%，在预报有强降雨时必须组织人员转移或撤离，以确保安全。

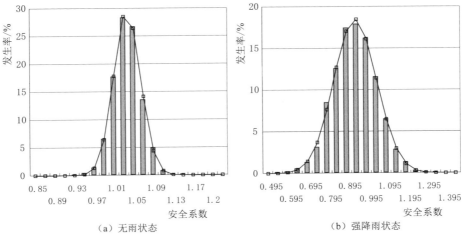

（a）无雨状态　　　　　　　　　　（b）强降雨状态

图 5.35　典型滑坡 5 稳定安全系数概率密度分布图

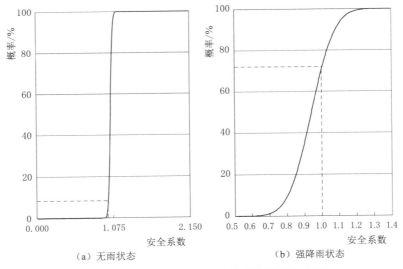

（a）无雨状态　　　　　　　　　　（b）强降雨状态

图 5.36　典型滑坡 5 稳定安全系数概率分布图

5.9　典型自然边坡参数敏感性分析

　　为研究主要计算参数对典型自然边坡稳定性的影响程度，结合以上分析成果，对各滑坡体的抗滑稳定性做了参数敏感性计算分析。研究土层为基岩上覆崩坡积体和残坡积体，研究参数为土体容重、有效黏聚力和有效内摩擦角。其基本思想是：在保持某两种研究参数（如土体容重和有效黏聚力）不变的情况

111

下，让另一种研究参数（如内摩擦角）在试验值范围内变化，绘制边坡抗滑稳定安全系数变化曲线及相应的关键滑动面。典型滑坡参数敏感性分析结果见图 5.37，图中横坐标 0.50 表示参数不变化，在其左右两侧分别代表参数减小和增加的相对百分数，纵坐标为相应的抗滑稳定安全系数。

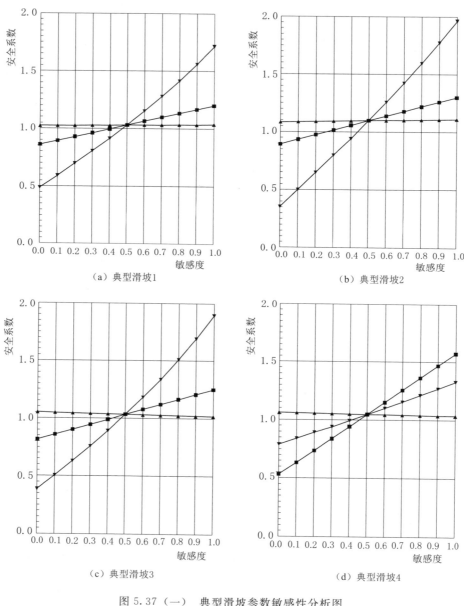

（a）典型滑坡1　　　　　　　　　（b）典型滑坡2

（c）典型滑坡3　　　　　　　　　（d）典型滑坡4

图 5.37（一）　典型滑坡参数敏感性分析图

──▲── 容重（kN/m³）；──■── 黏聚力（kPa）；──▼── 内摩擦角（°）

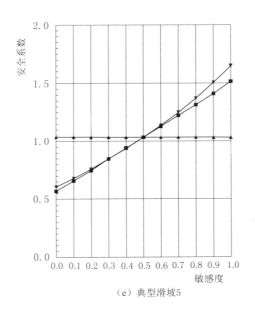

（e）典型滑坡5

图 5.37（二）　典型滑坡参数敏感性分析图
　容重（kN/m³）；　黏聚力（kPa）；　内摩擦角（°）

　　由图 5.37 可知，典型滑坡 1 总体趋势为安全系数随土体容重增加而略有减小，随土体内摩擦角、黏聚力的增加而上升。其中对边坡稳定安全系数相对最不敏感的参数是土体的容重，其次为黏聚力；相对最敏感的参数是土体的内摩擦角，残坡积土的内摩擦角增加 1 倍，相应的边坡稳定安全系数增加约 70.0%；而残坡积土的黏聚力减小 1 倍，相应的边坡稳定安全系数仅降低约 20.0%。

　　典型滑坡 2 和典型滑坡 3 的计算成果表明，土的内摩擦角仍是边坡稳定安全系数最为敏感的参数；其次为黏聚力和坝体土容重。残坡积土的内摩擦角增加 1 倍，相应的边坡稳定安全系数增加约 85.0%，而残坡积土的黏聚力增加 1 倍，相应的稳定安全系数增加约 50.0%。

　　典型滑坡 4 因为坡度较缓，滑动面相对较长，敏感性计算成果表明，其残坡积层的黏聚力相对于边坡稳定安全系数最为敏感，当残坡积层的黏聚力增加一倍时，相应的边坡稳定安全系数增加约 50.0%，而当内摩擦角增加 1 倍时，相应的边坡稳定安全系数仅增加约 25.0%。

　　典型滑坡 5 的计算结果总体趋势与典型滑坡 1 至典型滑坡 3 基本一致。土体容重相对边坡稳定安全系数最为不敏感，内摩擦角相对边坡稳定安全系数最为敏感。

　　综上所述，一般情况下，滑动面所在土层的内摩擦角相对边坡稳定安全系数最为敏感，而土体容重最为不敏感，黏聚力介于其间，但一般随着滑动面的增长和坡度的减缓也有相对安全系数敏感性加强的趋势。

江西省暴雨型滑坡预警方法

6.1 概述

本章基于第 3 章 3.4.2 节和第 5 章的相关研究成果，在降雨资料统计分析、实地踏勘和室内外试验成果的基础上，建立模型自然边坡的实体模型、有限元网格模型和降雨模型，再以此为基础，对主要计算参数进行反演，计算并分析了各模型边坡在不同降雨模型作用下的降雨过程稳定性，据此提出江西暴雨型滑坡灾害等级划分和预警预报方法。

6.2 计算实体模型

为研究各模型边坡在不同降雨模型作用下的降雨过程稳定性，本书基于江西省全省范围内的滑坡地质灾害的调查研究资料，分析得出了江西各暴雨中心降雨时空分布特征。结合各地区自然边坡地形地貌特性及其岩土层分布、组成、物理力学特性和渗透特性等情况，同时考虑江西省的滑坡灾害以小型滑坡为主，概化出 12 个模型自然边坡，其坡角为 $20°\sim40°$，坡高为 $15\sim35m$（需要说明的是，考虑到因降雨入渗引起的滑坡问题一般属浅层土质滑坡，同时，采用刚体极限平衡法计算边坡稳定安全系数时，一般受计算模型范围的影响较小，故各模型均假定为均质体）。

同时，在有降雨过程的饱和-非饱和渗流计算中，对各计算剖面的实体模型进行了离散。采用三节点三角形常应变单元，各模型边坡计算剖面划分单元数 $1858\sim2169$ 个，结点 $1019\sim1459$ 个。模型边坡有限元网格见图 6.1～图 6.3。为方便起见，各计算模型冠以"模型边坡 25‐20"等名称，其中"25"表示该模型边坡坡高 25m，"20"则代表该模型边坡的坡角为 20°。

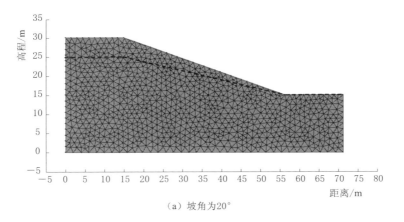

（a）坡角为20°

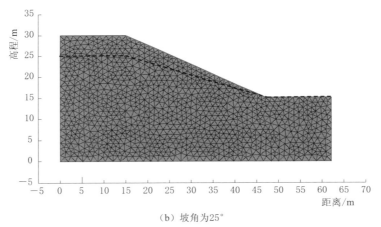

（b）坡角为25°

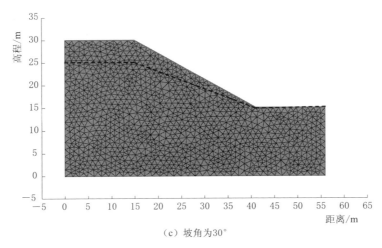

（c）坡角为30°

图 6.1（一） 模型边坡有限元网格图（坡高 15m）

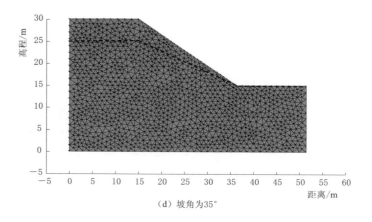

（d）坡角为35°

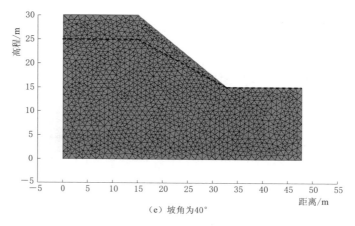

（e）坡角为40°

图 6.1（二） 模型边坡有限元网格图 （坡高 15m）

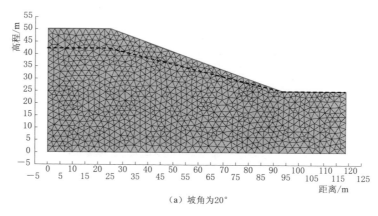

（a）坡角为20°

图 6.2（一） 模型边坡有限元网格图 （坡高 25m）

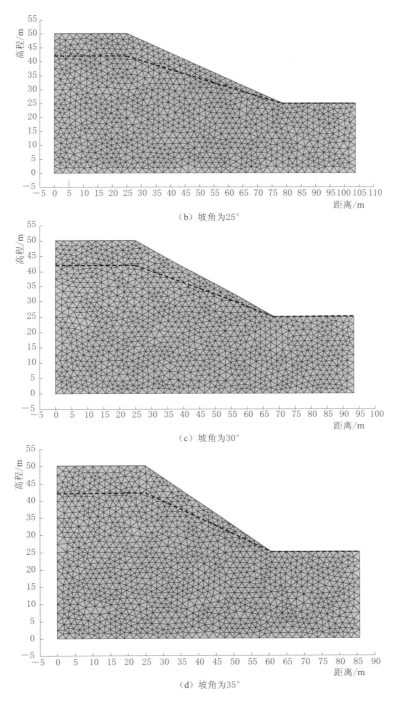

（b）坡角为25°

（c）坡角为30°

（d）坡角为35°

图 6.2（二）　模型边坡有限元网格图（坡高 25m）

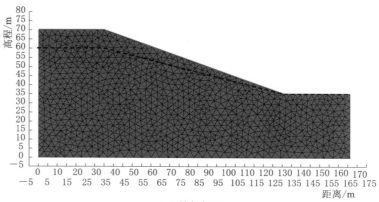

（a）坡角为20°

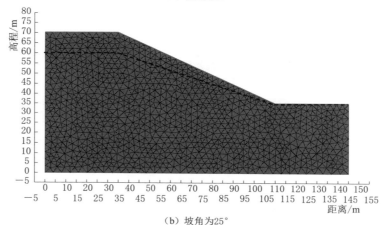

（b）坡角为25°

（c）坡角为30°

图 6.3 模型边坡有限元网格图（坡高 35m）

特别指出，本书模型边坡的建立未考虑边坡沿软弱夹层和基岩接触面滑动的情况，仅考虑在残坡积层内产生滑动。

6.3　降雨模型

第5章的研究成果表明：在模拟因降雨入渗引发边坡失稳过程时，应优先采用实际可能的降雨强度和雨型；同时降雨特征（降雨强度、雨型）对边坡稳定性的影响不容忽视。为计算上述模型边坡在各种降雨条件作用下降雨过程的稳定性，根据江西省的多年降雨特征统计结果，确定降雨时段为24小时，代表降雨量为50mm、100mm、150mm、200mm、250mm和300mm六种情况，分别称为降雨模型1至降雨模型6，雨型为单峰型。各模型边坡降雨模型分布见图6.4，其主要依据如下：

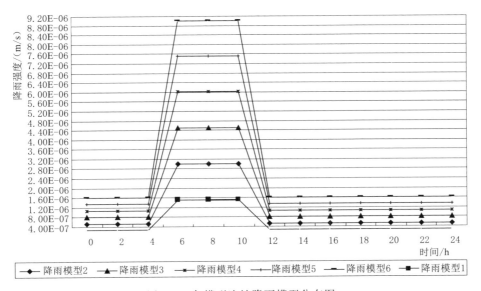

图6.4　各模型边坡降雨模型分布图

（1）江西省境内降水形式以降雨为主，全省大部分地区的多年平均年降水量为1400～1900mm，且集中在4—6月（一般为700～900mm，占全年降水量的45%～50%）；

（2）江西年暴雨日数为2.6～6.3天，大暴雨日数为0.1～1.2天。

（3）Brand等（1984）在详细分析了1963—1983年的滑坡数量与1～30天的累积降雨关系之后，认为中国香港的日均滑坡数量和滑坡伤亡人数与前期降雨量之间基本无关系可循，但与24小时降雨量关系密切。

（4）江西省大部分测站最大 1 日降雨量多年平均值约 200mm，实测最大 24 小时降雨量一般为 200～300mm，最大 3 日降雨量多年平均值为 250～400mm。

（5）江西省大多数暴雨型滑坡都是在 24 小时内降雨量超过 100mm 的情况下发生。

（6）根据第 5 章研究成果，一般情况下，雨型控制边坡稳定程度的下降速度，雨量控制边坡的最终可能稳定程度。为方便起见，同时为抓住主要矛盾，确定雨型为单峰型。

（7）基于《江西省山洪灾害规划报告》（江西省水利规划设计院，2004）统计的江西省"山洪暴发时对应站或调查暴雨特征值表"，得到滑坡地质灾害发生时最大 6 小时降雨量占 24 小时降雨量的 65.3%，故以此统计结果确定峰值降雨强度。

6.4　模型自然边坡的降雨过程稳定性计算

6.4.1　计算参数

6.4.1.1　物理力学参数

在实地踏勘和已有试验成果的基础上，结合第 5 章 5 个典型滑坡体物理力学参数特性及第四系坡（洪、残）积土的物理力学参数统计值（表 6.1），同时考虑计算指标与非计算指标之间的关联性，选取各模型边坡物理力学参数，详见表 6.2。

表 6.1　　　　　　　第四系坡（洪、残）积土的物理力学参数统计表

参数指标	算术平均值	大值平均值	小值平均值	范围值	统计组数
天然容重/(kN/m^3)	17.80	19.20	16.10	13.70～20.60	63
塑性指数 I_P/%	16.63	20.64	11.34	5.60～28.50	66
黏聚力 c'/kPa	24.80	30.11	13.46	0.00～44.00	24
内摩擦角 $\varphi'(\varphi^b)$/(°)	18.85	28.90	15.13	5.00～40.00	26

表 6.2　　　　　　　　各模型边坡物理力学参数选取表

天然容重/(kN/m^3)	饱和容重/(kN/m^3)	黏聚力 c'/kPa	内摩擦角 $\varphi'(\varphi^b)$/(°)
18.0	18.80	12.00～15.50	22.50/11.00

6.4.1.2　水力参数

根据地质勘察等资料，江西省自然边坡地下水类型主要为孔隙潜水和

基岩裂隙水。其中孔隙潜水主要赋存于残坡积层中，一般具中等透水性，含水量相对较丰富，为大气降水或基岩裂隙水补给，排泄于河床或低洼地带。

根据第 3 章 3.4 节概化模型和第 4 章 4.4.1 节相关理论和计算公式，参照有关地质勘察中试验成果和相关地质描述，确定各模型边坡土体的饱和渗透系数为 5.00×10^{-4} cm/s，模型边坡降雨入渗饱和-非饱和渗流计算的渗透参数见图 6.5。

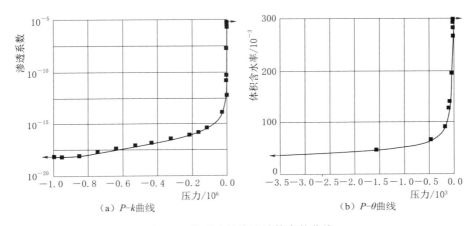

(a) P-k曲线   (b) P-θ曲线

图 6.5   模型边坡渗流计算参数曲线

6.4.2   模型自然边坡的降雨过程稳定性

基于上述实体模型、降雨模型、水力参数及物理力学指标，采用第 4 章 "降雨入渗条件下的饱和-非饱和渗流场" 的计算理论，结合第 5 章的相关研究成果，对 12 个模型边坡进行 6 种降雨模型作用下降雨过程的稳定性计算。6 种降雨模型作用下的各模型边坡降雨过程的稳定性统计见表 6.3～表 6.9，各降雨模型作用下 12 个模型边坡的稳定性变化过程见图 6.6。由图表数据可知：

表 6.3   各模型边坡 24 小时临界降雨量统计表   单位：mm

坡高/m	坡角/(°)				
	20.0	25.0	30.0	35.0	40.0
15.0	250	200	150	100	<50
25.0	200	150	100	<50	—
35.0	150	100	<50	—	—

表 6.4　　　　　降雨模型 1 作用下各模型边坡稳定性统计表

模型边坡代号	安全系数初始值	安全系数最小值	安全系数最小值对应时刻/h	安全系数最大变化率/%	降雨 24 小时时刻安全系数
15 - 35	1.113	1.036	10	6.92	1.068
15 - 40	1.061	0.976	8		1.004
25 - 25	1.107	1.020	10	7.86	1.036
25 - 30	1.032	0.929	24	9.98	0.929
25 - 35	0.919	0.788	10	14.25	0.806
35 - 20	1.208	1.005	12	16.80	1.010
35 - 25	1.094	1.000	10	8.59	1.008
35 - 30	0.965	0.748	12	22.49	0.757

表 6.5　　　　　降雨模型 2 作用下各模型边坡稳定性统计表

模型边坡代号	安全系数初始值	安全系数最小值	安全系数最小值对应时刻/h	安全系数最大变化率/%	降雨 24 小时安全系数
15 - 20	1.295	1.080	8	16.60	1.109
15 - 25	1.211	1.028	12	15.11	1.060
15 - 30	1.164	1.014	12	12.89	1.044
15 - 35	1.133	1.005	10	11.30	1.042
15 - 40	1.061	0.969	10	8.67	1.004
25 - 20	1.188	1.020	12	14.14	1.039
25 - 25	1.107	1.005	12	9.21	1.014
25 - 30	1.032	0.926	24	10.27	0.926
25 - 35	0.919	0.778	12	15.34	0.785
35 - 20	1.208	0.990	10	18.05	0.992
35 - 25	1.094	0.982	12	10.24	0.989
35 - 30	0.965	0.736	10	23.73	0.743

表 6.6　　　　　降雨模型 3 作用下各模型边坡稳定性统计表

模型边坡代号	安全系数初始值	安全系数最小值	安全系数最小值对应时刻/h	安全系数最大变化率/%	降雨 24 小时时刻安全系数
15 - 20	1.295	1.049	10	19.00	1.093
15 - 25	1.211	1.013	8	16.35	1.045
15 - 30	1.164	0.973	10	16.41	1.024
15 - 35	1.113	0.968	10	13.03	1.022
15 - 40	1.061	0.942	10	11.22	0.980

模型边坡代号	安全系数初始值	安全系数最小值	安全系数最小值对应时刻/h	安全系数最大变化率/%	降雨24小时时刻安全系数
25-20	1.188	1.011	10	14.90	1.031
25-25	1.107	0.998	10	9.85	1.006
25-30	1.032	0.926	24	10.27	0.926
25-35	0.919	0.745	12	18.93	0.772
35-20	1.208	0.950	12	21.36	0.965
35-25	1.094	0.976	12	10.79	0.988
35-30	0.965	0.714	10	26.01	0.728

表 6.7　　　　　降雨模型 4 作用下各模型边坡稳定性统计表

模型边坡代号	安全系数初始值	安全系数最小值	安全系数最小值对应时刻/h	安全系数最大变化率/%	降雨24小时安全系数
15-20	1.295	1.049	10	19.00	1.069
15-25	1.211	1.000	8	17.42	1.033
15-30	1.164	0.993	8	14.69	1.015
15-35	1.113	0.968	10	13.03	1.006
25-20	1.188	0.992	8	16.50	1.008
25-25	1.107	0.978	10	11.65	0.998

表 6.8　　　　　降雨模型 5 作用下各模型边坡稳定性统计表

模型边坡代号	安全系数初始值	安全系数最小值	安全系数最小值对应时刻/h	安全系数最大变化率/%	降雨24小时时刻安全系数
15-20	1.295	1.035	12	20.08	1.035
15-25	1.211	0.999	8	17.51	1.015
15-30	1.164	0.973	8	16.41	1.002
15-35	1.113	0.968	10	13.03	1.002
25-20	1.188	0.994	8	16.33	0.998

表 6.9　　　　　降雨模型 6 作用下各模型边坡稳定性统计表

模型边坡代号	安全系数初始值	安全系数最小值	安全系数最小值对应时刻/h	安全系数最大变化率/%	降雨24小时时刻安全系数
15-20	1.295	0.996	8	23.09	0.996
15-25	1.211	0.998	8	17.59	1.003
15-30	1.164	0.970	8	16.67	0.992

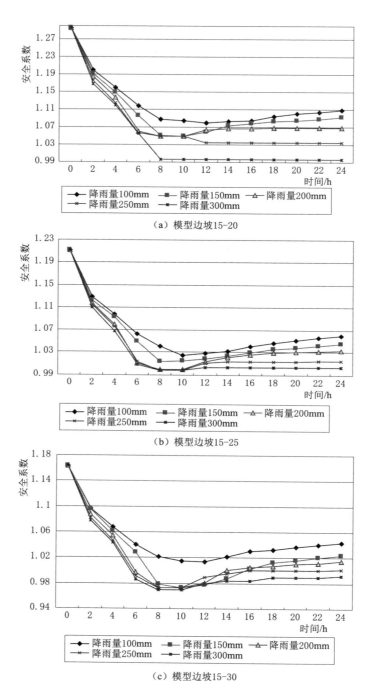

（a）模型边坡15-20

（b）模型边坡15-25

（c）模型边坡15-30

图 6.6（一）　各降雨模型作用下模型边坡稳定性变化图

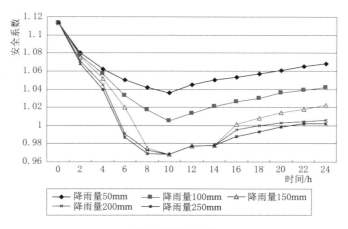

（d）模型边坡15-35

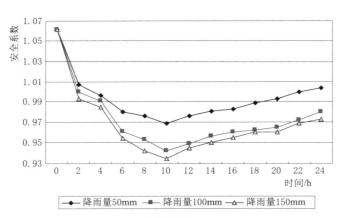

（e）模型边坡15-40

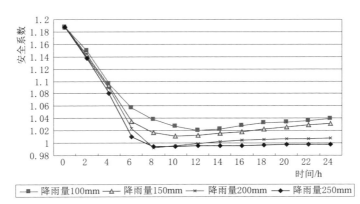

（f）模型边坡15-20

图 6.6（二） 各降雨模型作用下模型边坡稳定性变化图

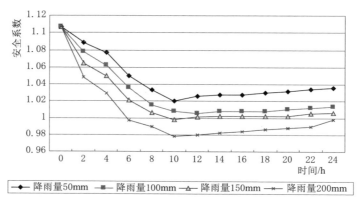

（g）模型边坡25-25

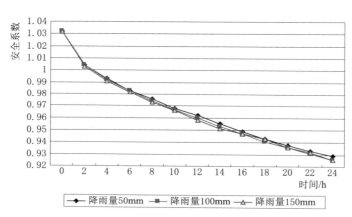

（h）模型边坡25-30

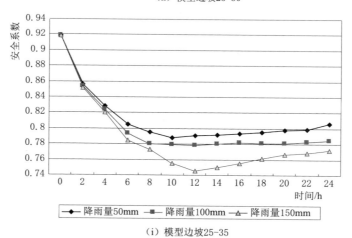

（i）模型边坡25-35

图 6.6（三）　各降雨模型作用下模型边坡稳定性变化图

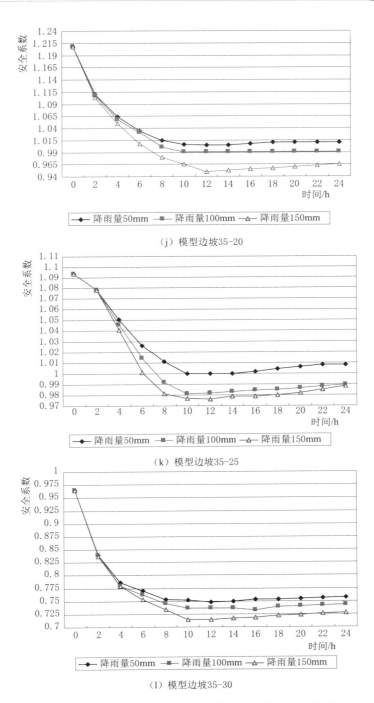

（j）模型边坡35-20

（k）模型边坡35-25

（l）模型边坡35-30

图 6.6（四）　各降雨模型作用下模型边坡稳定性变化图

（1）各模型边坡的降雨过程稳定性总体变化规律与 5 个典型滑坡体的变化规律相似：随着强降雨的进行，雨水不断入渗到边坡岩土体中，非饱和带饱和度上升，暂态水荷载增加，基质吸力（即毛细压力）降低，同时地下水位上升，使滑动面上的孔隙水压力增加，边坡的安全系数逐渐减小。因各典型滑坡体的降雨模型和边界条件等不同，其安全系数到达最小值的时间有所差异，一般在强降雨开始 8～12 小时，即降雨模型的后半峰值时段内，可见雨强对边坡稳定性的影响显著。

（2）随着降雨强度减小，各模型边坡坡内地下水位继续上升 1～2 小时后，因非饱和带饱和度上升到一定程度，土体下渗率显著降低，同时坡内部分孔隙水外渗排泄于沟谷和低洼地带，其地下水位线开始缓慢下降，导致边坡安全系数回升（模型边坡 25 - 30 除外）。

（3）由于各模型边坡的坡高、坡角以及降雨模型等的不同，安全系数回升速率和幅度存在一定差异。主要规律为：①随着坡高的增加，在最大雨强过后边坡稳定安全系数的回升幅度呈显著降低趋势。如在降雨模型 2 作用下，模型边坡 15 - 20 在降雨 24 小时时刻的安全系数为 1.109，较最低时刻回升 2.69％；而模型边坡 35 - 20 在同等条件下，其安全系数仅回升 0.2％。②随着降雨总量的增加，在最大雨强过后边坡稳定安全系数的回升幅度显著降低其至不发生变化。如模型边坡 15 - 20 在降雨模型 4、降雨模型 5 和降雨模型 6 作用下，在达到其最小安全系数之后，其稳定性一直不变，主要原因在于降雨入渗总量不小于边坡的出渗总量，同时坡体内达到充分饱和状态，地下水位也基本不发生变化，故而边坡的稳定性不发生变化。

（4）在各降雨模型作用下，各模型边坡的稳定安全系数降低幅度均有所不同，总体为 7％～26％，平均值为 15.51％。其中降雨模型 1 至降雨模型 6 作用下，各模型边坡安全系数降幅比例分别为 12.41％、13.80％、15.68％、15.38％、16.67％和 19.12％。由此可见，随着降雨总量的增加，不管边坡的坡高和坡角如何，其稳定性的降低幅度均有增加趋势。

（5）若以安全系数 1.0 作为边坡处于稳定临界状态的判别标准，从图 6.6 可以得出各模型边坡的临界降雨量范围，统计结果见表 6.10，可作为江西省一般自然边坡的初级预警预报。如 25m 高、平均坡角约 25°的自然边坡，其 24 小时临界降雨量大约在 150mm。

6.5　降雨条件下的典型滑坡预警方法

基于大气降雨观测，借助降雨量、降雨强度和降雨历时与滑坡在空间上、时间上的对应关系开展预警预报，是目前区域暴雨型滑坡预警预报的主要手段。本书基于前文江西省 5 个典型自然边坡和 12 个模型自然边坡的降雨过程稳定性研究成果，同时参考江西省的滑坡实例，建立基于降雨过程稳定性的滑坡预警预报方法。

6.5.1　数学模型

滑坡灾害的发生主要受地质和地形地貌条件控制，而降雨等因素为外部触发条件，成因极其复杂。因此，用建立的数学模型来评价滑坡的危险性时要具体问题具体分析。

信息熵是一个系统状态混乱程度的定量表示，即该系统不确定性的量度，它从量上可以反映具有确定概率的事件发生时所传递的信息。滑坡灾害具有不确定性，故可以借助信息熵的理论来对其进行评价。

假设有 m 个待评价的滑坡体，每个滑坡都在 n 个影响因素共同作用下发生，可根据以下步骤建立"灾害熵"数学模型，并由此判断每个滑坡灾害的危险性。

（1）确定滑坡灾害评价指标。通过对江西省自然边坡滑坡灾害形成机制的定性和定量研究，选择对江西省滑坡灾害有重要影响的 3 个评价指标，即降雨模型（主要参照 24 小时降雨量、雨型和降雨强度）、边坡高度和边坡坡角。

（2）建立滑坡灾害评价矩阵，即

$$S = \begin{Bmatrix} x_{1,1}, & x_{1,2}, & \cdots, & x_{1,n} \\ x_{2,1}, & x_{2,2}, & \cdots, & x_{2,n} \\ \vdots & \vdots & \vdots & \vdots \\ x_{m,1}, & x_{m,2}, & \cdots, & x_{m,n} \end{Bmatrix} \tag{6.1}$$

式中：$x_{i,j}$ 为第 i 个滑坡体的第 j 项评价指标的值。

（3）标准化评价指标矩阵。评价指标体系中的各个指标所表征对象的属性不同，指标值的量纲也不相同。根据统计学原理，要对多种不同量纲的数据进行比较分析，可先对其进行标准化处理，将这些数据全部转换成无量纲数据，再进行比较分析。即

$$R = \begin{Bmatrix} r_{1,1}, & r_{1,2}, & \cdots, & r_{1,n} \\ r_{2,1}, & r_{2,2}, & \cdots, & r_{2,n} \\ \vdots & \vdots & \vdots & \vdots \\ r_{m,1}, & r_{m,2}, & \cdots, & r_{m,n} \end{Bmatrix} \tag{6.2}$$

式中：R 为评价矩阵标准化后的矩阵；$r_{i,j}$ 为第 i 个滑坡体的第 j 项评价指标标准化后的值，无量纲。

（4）确定评价指标的"灾害熵"。借助信息熵的理论和方法，可以根据下式确定每个评价指标的"灾害熵"：

$$E(j) = -K \sum_{i=1}^{m} F_{i,j} \ln F_{i,j} ; F_{i,j} = \frac{r_{i,j}}{\sum_{j=1}^{n} r_{i,j}} \tag{6.3}$$

式中：$E(j)$ 为第 j 项评价指标的"灾害熵"，其值越大，表示该指标在滑坡灾害产生过程中的贡献越小，$K = 1/\ln m$；$F_{i,j}$ 为评价指标 i 在滑坡灾害产生过程中出现频率。

（5）确定滑坡灾害的危险性。根据评价指标的"灾害熵"，可按下式计算出每种评价指标的权重以及在多种因素的共同作用下滑坡灾害的危险性：

$$w(j) = \frac{1 - E(j)}{\sum_{j=1}^{n}[1 - E(j)]} ; w(j) = \frac{1 - E(j)}{\sum_{j=1}^{n}[1 - E(j)]} \tag{6.4}$$

式中：$w(j)$ 为第 j 项评价指标的权重；$p(i)$ 为第 i 个滑坡灾害的危险性指数，其值越大，表示该滑坡灾害的可能性越大。

6.5.2　滑坡灾害等级划分

参照各降雨模型作用下各边坡模型的降雨过程稳定性研究成果，边坡各评价指标的权重也以赋分的形式给出，组成危险性评价矩阵，其风险性最终分值 P 等于各评价指标的行、列分值乘积，见表 6.10 和式（6.5）。

表 6.10　　　　　　　　　　边坡各评价指标的权重赋分表

降雨模型	分值 A_i	坡高/m	分值 B_i	坡角/(°)	分值 C_i
降雨模型 1	2	15.0	1	20.0	2
降雨模型 2	4	20.0	2	25.0	3
降雨模型 3	6	25.0	3	30.0	4
降雨模型 4	7	30.0	4	35.0	5
降雨模型 5	8	35.0	5	40.0	6

$$\boldsymbol{P_i} = \boldsymbol{A_i B C} = A_i \begin{Bmatrix} 2 & 3 & 4 & 5 & 6 \\ 4 & 6 & 8 & 10 & 12 \\ 6 & 9 & 12 & 15 & 18 \\ 8 & 12 & 16 & 20 & 24 \\ 10 & 15 & 20 & 25 & 30 \end{Bmatrix} \tag{6.5}$$

由此得到在各降雨模型作用下的滑坡危险性分值矩阵。

降雨模型 1：

$$\boldsymbol{P}_1=\begin{cases}4 & 6 & 8 & 10 & 12 \\ 8 & 12 & 16 & 20 & 24 \\ 12 & 18 & 24 & 30 & 36 \\ 16 & 24 & 32 & 40 & 48 \\ 20 & 30 & 40 & 50 & 60\end{cases} \tag{6.6}$$

降雨模型 2：

$$\boldsymbol{P}_2=\begin{cases}8 & 12 & 16 & 20 & 24 \\ 16 & 24 & 32 & 40 & 48 \\ 24 & 36 & 48 & 60 & 72 \\ 32 & 48 & 64 & 80 & 96 \\ 40 & 60 & 80 & 100 & 120\end{cases} \tag{6.7}$$

降雨模型 3：

$$\boldsymbol{P}_3=\begin{cases}12 & 18 & 24 & 30 & 36 \\ 24 & 36 & 48 & 60 & 72 \\ 36 & 54 & 72 & 90 & 104 \\ 48 & 72 & 96 & 120 & 144 \\ 60 & 90 & 120 & 150 & 180\end{cases} \tag{6.8}$$

降雨模型 4：

$$\boldsymbol{P}_4=\begin{cases}14 & 21 & 28 & 35 & 42 \\ 28 & 42 & 56 & 70 & 84 \\ 42 & 63 & 84 & 405 & 126 \\ 56 & 84 & 112 & 140 & 168 \\ 70 & 105 & 140 & 175 & 210\end{cases} \tag{6.9}$$

降雨模型 5：

$$\boldsymbol{P}_5=\begin{cases}16 & 24 & 32 & 40 & 48 \\ 32 & 48 & 64 & 80 & 96 \\ 48 & 72 & 84 & 120 & 144 \\ 88 & 96 & 96 & 160 & 192 \\ 80 & 120 & 160 & 200 & 240\end{cases} \tag{6.10}$$

2003 年开始，中国气象局和国土资源部联合开展了滑坡等地质灾害气象等级预报，大部分省气象局和国土资源部门也相继开展了有关工作。按照国土资源部中国地质调查局和中国气象局国家气象中心联合开展的滑坡灾害气象预报预警工作规定，地质灾害预警预报分为 5 级：1 级为可能性很小，2 级为可能性较小，3 级为可能性较大，4 级为可能性大，5 级为可能性很大。其中 3 级为注意级，4 级为预警级，5 级为警报级。滑坡预警预报结合第 6 章 6.5.1

节的指标体系，按照坡高和坡角的不同，参照上述原则进行等级划分。

为更形象具体地描述滑坡灾害的危险程度，根据计算得到的 $p(i)$ 值，参考江西省以往滑坡灾害发生的规律和频率，参照联合国对自然灾害的风险性定义及其数学表达式，将灾害的危险性分为 5 级。同时为便于计算，基于式（6.5）至式（6.10）的计算成果，对其进行了相应的赋分，见表 6.11。

表 6.11　　　　　　　　　滑坡灾害等级划分和危险性分级表

预警预报等级	等级说明	风险性最终分值 P	危险性指数	注　释
1 级	极轻微危险	4～48	$0 < p(i) \leqslant 0.20$	发生滑坡的可能性很小
2 级	轻微危险	49～96	$0.20 < p(i) \leqslant 0.40$	发生滑坡的可能性较小
3 级	中等危险	97～180	$0.40 < p(i) \leqslant 0.60$	发生滑坡的可能性较大
4 级	很危险	181～200	$0.60 < p(i) \leqslant 0.80$	发生滑坡的可能性大
5 级	极危险	201～240	$0.80 < p(i) \leqslant 1.0$	发生滑坡的可能性很大

6.5.3　典型暴雨型滑坡预警过程

综合上述研究成果，得到江西省典型自然边坡滑坡灾害的预警预报过程如下：

（1）确定拟预报边坡的岩土体类型及滑坡类型，估测其坡高和平均坡角角度。

（2）通过地区历史降雨量和气象部门的预报雨量，按表 6.1 模型边坡 24 小时临界降雨量统计表对其进行初步预报。

（3）根据预报的 24 小时降雨量，结合前期降雨特征，确定可能的降雨模型。

（4）按估测的边坡坡高和平均坡角，基于可能的降雨模型，从式（6.5）至式（6.10）中确定其风险性最终分值 P。

（5）以表 6.11 滑坡灾害等级划分和危险性分级表为依据，进一步确定其灾害等级和危险性分级。

（6）以灾害等级 3 级为预报起点，发布预警结果，启动群防群测监测预警体系。

采用上述理论和方法，对江西省 5 个典型滑坡进行了反演模拟，计算结果与实际状况吻合较好，本书的研究成果能为江西省的滑坡地质灾害预测预报和主动减灾防灾提供技术支撑和科学依据。

第7章

总 结 与 展 望

7.1 本书的主要成果和结论

滑坡已成为全球性的主要地质灾害之一。滑坡的发生与降雨关系密切，且已被认为是边坡失稳的重要诱因。降雨与边坡稳定的关系复杂，受诸多因素的影响，国内外对其相关机理研究均不成熟。江西省属多雨地区，雨季山体滑坡频繁，给人民生命财产造成重大损失。

本书的核心内容为江西省水利厅科技计划项目"江西省暴雨型滑坡失稳机理及预警预报研究"（编号：KT200701）研究成果，在对江西降雨特征和滑坡特征详尽统计分析的基础上，结合地质勘察和室内外试验，基于数值模拟技术和实测资料，以滑坡案例为切入点，重点研究了江西省典型自然边坡降雨入渗机理及其降雨过程稳定性的变化规律，据此建立了模型自然边坡的实体模型和有限元模型，给出了各模型边坡在不同降雨模型作用下的降雨过程稳定性分布图。同时借助信息熵理论和统计学原理，提出了滑坡灾害预警预报实施方法，并应用于工程实际。研究成果能为滑坡地质灾害预测预报和主动减灾防灾提供技术支撑和科学依据。本书的主要成果和结论如下：

（1）对江西省暴雨时空分布及滑坡灾害特征进行了研究。掌握了江西省降雨的主要类型、降雨时空分布特点和滑坡特征，进行了三级分区指标的降雨区划，概化出了各代表区域的典型雨型。

（2）对江西省暴雨中心典型自然边坡进行了概化模型研究。基于地质勘察、现场调研、踏勘及相关统计结果，从江西省境内自然边坡的地形地貌、地质构造、边坡发育条件、边坡岩土层组成和分布等特点的角度，提出了江西省4个暴雨中心和1个非暴雨中心的典型自然边坡概化模型和12个滑坡预报边坡模型。

（3）对边坡的降雨入渗条件和过程进行了分析，研究了降雨入渗条件下非稳定饱和-非饱和渗流场数值计算方法和理论，并研制了相应的三维有限元计算分析程序。

（4）对江西省 5 个典型滑坡体进行了降雨过程的饱和-非饱和渗流场计算，确定了自然边坡因降雨入渗产生滑坡的机理，分析了自然边坡随降雨过程的稳定性变化规律。此外，还进行了典型自然边坡降雨前后的可靠度分析和参数敏感性研究。

（5）基于模型自然边坡的实体模型、有限元模型和降雨模型，得出了各模型边坡在不同降雨模型作用下的降雨过程稳定性分布图，分析了降雨强度、降雨量、边坡的坡高和坡角对边坡稳定性的影响程度，确定了各模型边坡的临界降雨量范围。

（6）借助信息熵的理论和统计学原理，选择对江西省滑坡灾害有重要影响评价指标，建立了"灾害熵"数学模型，制定了滑坡灾害等级划分和危险性分级表，给出了江西省暴雨型滑坡预警预报的方法和实施步骤，并应用于实际工程中。

7.2　本书的主要创新点

本书的主要技术创新点有以下 3 个方面：

（1）首次基于江西省暴雨时空分布特点，结合江西省自然边坡的地形、地质、土层结构、物理力学特性等，提出的江西省 4 个暴雨中心和 1 个非暴雨中心的自然边坡概化模型。

（2）基于饱和-非饱和渗流理论、自然边坡实体模型、有限元模型和降雨模型，结合对江西省典型滑坡体的降雨过程饱和-非饱和渗流场计算以及降雨入渗产生滑坡的机理分析，得出各模型边坡在不同降雨模型作用下的降雨过程稳定性分布图，并由此确定滑坡预警预报的临界降雨量范围。

（3）借助信息熵理论和统计学原理，建立自然边坡滑坡灾害评估的"灾害熵"数学模型，并据此确定江西省 4 个暴雨中心的滑坡灾害等级划分和危险性分级。

7.3　近年的研究进展

7.3.1　暴雨型滑坡成因机理及稳定性评价研究

1. 降雨与滑坡的关联性研究

近年来，我国学者基于特定地区降雨与滑坡的统计数据（例如累积降雨量、日降雨量、前期降雨量和降雨历时等特征参数）探究降雨与滑坡的关系，形成了某些规律性的认知。以降雨滑坡历史资料为研究对象，运用数学统计分析方法进行降雨诱发滑坡的阈值确定是一个主要的研究方向，该方法直观、简便，在实际应用中取得了一定的效果。但其结果精度有赖于降雨和滑坡历史资料的准确性、全面性，然而历史资料在实际工程中往往比较缺乏，限制了该方法的推广应用。随着暴雨型滑坡机理的发展，滑坡的发生除受降雨因素影响外，还受斜坡特征、地层岩性、地质构造及水文地质条件多种因素的影响。随后，不少学者致力于考虑地质情况、地质历史及地质模型等地质条件的阈值研究，取得了一些阶段性成果。

2. 降雨入渗及对滑坡稳定性的影响机理

从降雨入渗过程以及滑坡失稳过程的角度看，已有的降雨入渗过程分析多使用解析方法求解二维、三维 Richards 地下水渗流方程，或利用降雨入渗模型，或运用数值分析手段。在很多情况下，地表径流对降雨入渗过程的影响不可忽视，坡面径流和坡体渗流的耦合分析较为少见。在坡面径流与降雨入渗的耦合分析中，大多是引入一定的假定来模拟两者之间的入渗过程。由于入渗率等参数受土-水特征曲线、初始含水率、饱和渗透系数、坡面径流等多种因素的影响，即便是参照一些物理模型试验，所得规律仅可近似用于与模型试验相近似的简单边界条件及初始条件情况，难以推广运用。因此，坡面径流与坡体渗流的全耦合模型仍有待进一步探索和完善。

3. 滑坡稳定性评价方法

斜坡的稳定性评价方法如极限平衡法、有限元强度折减法以及概率分析方法近年来均有不同程度的发展，其中极限平衡法和有限元法是主要的方法。总的来说，暴雨型滑坡的稳定性研究是先分析降雨入渗过程，之后再根据降雨入渗过程孔隙水压力的变化以及含水量的变化运用极限平衡法或有限元法等方法进行稳定性分析。这样的研究思路将降雨入渗和稳定性单独分析，没有形成一种耦合的关系。降雨入渗会引起岩土体孔压以及含水量的变化，应力变化以及含水量变化会影响斜坡的岩土体性质参数以及稳定性，这是一种典型的耦合现象。降雨入渗时流动边界的定量描述以及流固耦合的控制方程非常关键，目前多采用数值方法进行求解。

7.3.2　暴雨型滑坡预警预报研究

目前在滑坡预警预报方面的研究方法可分为两大类：一类方法为基于大气降雨强度和降雨历时等与滑坡的分布对应关系，应用数理统计的方法，建立某一区滑坡的预警预报临界域值。临界降雨量凭借其易于监测，特别是降雨量易于连续实时监测和数据传输管理的优点，也成为目前应用较多的预警判据之一。降雨是激发滑坡的关键因子，近年来众多学者致力研究滑坡与降雨量之间的经验公式，进行滑坡的预警预报等；也有一些学者对降雨与滑坡数据进行了技术统计分析，提出不同地区滑坡的预警预报降雨，并形成了不同的统计模式和观点。然而，由于形成滑坡灾害的因素很多，地质背景条件差异很大，它和降雨的关系十分复杂，传统的预报方法仍然带有很强的主观随意性和非客观化的分析和预测因素：一是由于灾害的发生在时空上存在明显的不确定性，预报因素包含的地质背景条件及其机理的信息相对不足；二是常规降雨的定量化预报、降雨落区的精度和定位等仍有很大的偏差；三是由于地形复杂、强降雨分布不均，用空间尺度较大的资料做滑坡泥石流灾害的监测和预警还存在着许多困难和不足。滑坡预警预报方面的研究另一类方法为基于滑坡监测数据，结合室内物理模拟及数值模拟进行的预警预报研究，该种方法主要是基于斜坡位移变化与降雨量的相关性，提出预警预报的量值；以斜坡内部土体的含水量、基质吸力、孔隙压力、临界位移变形速率等监测资料为预警判据，是近年来研究的另一个方向。这种预警判据在实际中已有被成功应用的先例。但这种方式需要对动态监测数据进行深入挖掘，因此对监测数据的准确性要求较高，目前未被推广，但相关理论仍值得进一步探讨。

在现阶段，各种预警判据存在各自的优缺点，已建立的滑坡预警判据虽在一定范围内能够对滑坡的稳定性判别起一定作用，但当针对某一区域内具有滑坡隐患的滑坡确定预警判据时，必须结合该区域内滑坡的实际情况进行分析，将其滑坡的类型、变形特征、工程地质条件以及监测数据等具体的宏观信息与相关的理论结合，才有可能从中找出适合该地区的滑坡预警判据。

随着现代化气象装备的发展，加强以雷达、卫星、自动站等新的监测手段的应用，并结合数值预报、高分辨地理信息等技术，在传统的气象地质灾害预测方法的基础上，发展和完善该领域的研究，建立时空更加精细的突发性的灾害预警方法，具有十分重要的理论意义与实用价值。

7.4 展望

本书基于资料统计、数学模型、数值模拟技术和实测资料，结合地质勘察和土工试验等多种手段，从已发生的滑坡案例入手，对江西省典型自然边坡降雨入渗机理及其降雨过程稳定性变化规律进行了较为系统深入的研究，得到了许多有价值的结论和成果。鉴于因降雨等作为外部触发条件而导致的滑坡灾害成因极其复杂，该领域还有许多方面值得继续深入研究。

（1）在非饱和土滑坡与降雨关系的研究中，从严格意义上讲，目前非饱和土暂态孔压分布和基质吸力的研究都局限于理论阐述，离实际情况还有一定距离。此外，如暂态饱和度深度、非饱和区初始含水量、降雨与地下水耦合作用下湿润锋的推进方式和速度、非饱和土抗剪强度、降雨过程中渗流应力耦合作用下的边坡变形稳定性等都是值得研究的课题。

（2）大多数自然边坡都是由崩坡积层组成的，而这种边坡一般都有一定的植被覆盖率。植被覆盖对滑坡活动的影响是一种非常复杂的现象，其对斜坡稳定的影响一直是争议的热点。一方面，从理论上讲，树根能加固土壤，增加土壤的抗剪强度，同时植被可截留雨水，树根还可通过吸收土壤水分减小土中孔隙水压力，故对增加斜坡稳定有利；另一方面，滑坡区域植被树根并没有到达滑动面，由此认为，植被覆盖增加了坡体的重量，对边坡稳定有不利影响。事实上，该问题可能要比想象的复杂得多，只有基于一定量的实测资料，并根据不同类型的植被、海拔、岩土体类型和降雨特征，具体问题具体分析，才有可能得出有价值的结论。这方面可借助现代遥测技术（3S技术）在研究域确定一定数量的定位信息点，分析不同海拔、不同斜坡的植被覆盖率，研究不同植被类型对不同降雨特征下的雨水截留作用，并与研究域的滑坡发育特征形成关联模型，从而掌握植被覆盖对滑坡活动和斜坡稳定的影响。

（3）今后在研究滑坡与降雨关系时，可在充分利用气象部门提供的资料或与气象部门合作的基础上，将重点区域研究与广泛性研究相结合，展开典型滑坡现场位移监测。同时还可利用现代高新技术（如GPS、RS、GIS及雷达探测技术等）和现代科学理论（系统理论和突变理论等）对暴雨型滑坡进行精确有效的监测和研究，并在此基础上对暴雨型滑坡灾害进行危险性区划。

（4）雨水对滑坡体的作用还受很多因素的影响，而这些因素又是不同学科研究的主要对象，因此，在对滑坡体的降雨过程稳定性进行研究时，应实现跨学科、跨专业的横向合作，进行系统的分析研究，必须系统化和综合化地利用各横向学科理论，做到现场监测、气象资料实时收集分析、数值计算与模型试验相结合，同时应用混沌理论、神经网络技术等非线性科学方法对滑坡与降雨的内在关联性进行综合研究。

参　考　文　献

［1］　孙广忠．中国典型滑坡［M］．北京：科学出版社，1988．

［2］　刘广润，晏鄂川，练操．论滑坡分类［J］．工程地质学报，2002，10（4）：3－6．

［3］　王恭先．面向21世纪我国滑坡灾害防治的思考［C］//兰州：兰州滑坡泥石流学术研讨会文集，1998．

［4］　钟立勋．中国重大地质灾害实例分析［J］．中国地质灾害与防治学报，1999，10（3）：1－6，10．

［5］　刘传正．地质灾害勘查指南［M］．北京：地质出版社，2000．

［6］　柳源．中国地质灾害（以崩、滑、流为主）危险性分析与区划［J］．中国地质灾害与防治学报，2003，14（1）：95－99．

［7］　江西省山洪灾害防治规划报告［R］．江西省水利规划设计研究院，2003．

［8］　刘修奋，胡金国．江西省1：50万环境地质调查报告［R］．南昌：江西地质工程勘察院，2000．

［9］　尹洁，陈双溪，刘献耀．江西汛期连续暴雨形势特征与中期预报模型［J］．气象，2004，30（5）：16－20．

［10］　陈双溪．江西'98特大洪涝气象分析与研究［M］．北京：气象出版社，2000．

［11］　赵本磊．'98鄱阳湖水系流域暴雨-滑坡、崩塌、泥石流等灾害的世纪启示——兼论人与自然的和谐共存关系［J］．江西地质，1999，13（4）：32－36．

［12］　单九生，刘修奋，魏丽，等．诱发江西滑坡的降水特征分析［J］．气象，2004（01）：13－15，21．

［13］　单九生，魏丽，刘修奋，等．诱发江西2002年重大地质灾害的气象条件分析［J］．大气科学研究与应用，2004，26（1）：26－35．

［14］　尹洁，刘献耀．江西省主汛期连续暴雨的气候特征分析［J］．江西气象科技，2002，25（2）：8－10．

［15］　郑孝玉．滑坡预报研究方法综述［J］．世界地质，2000，19（4）：370－374．

［16］　艾志雄，牛恩宽，刘波．降雨诱发滑坡分析［J］．灾害与防治工程，2005（2）：9－11．

［17］　王建秀，杨立中，何静．非饱和土降雨诱发塌陷成因探讨［J］．地质灾害与环境保护，2002，13（2）：17－21．

［18］　谢守益，徐卫亚．降雨诱发滑坡机制研究［J］．武汉水利电力大学学报，1999，32（1）：21－23．

［19］　殷坤龙，汪洋，唐仲华．降雨对滑坡的作用机理及动态模拟研究［J］．地质科技情报，2002，21（1）：75－78．

［20］　钟荫乾．滑坡与降雨关系及其预报［J］．中国地质灾害与防治学报，1998，9（4）：81－86．

［21］　林孝松．滑坡与降雨研究［J］．地质灾害与环境保护，2001，12（3）：1－7．

［22］ 黄玲娟，林孝松．滑坡与降雨研究［J］．湘潭师范学院学报，2002，24（4）：55-62.

［23］ 乔娟，罗先启．水对边坡失稳的作用机理探讨［J］．灾害与防治工程，2005（2）：39-43.

［24］ 崔政权，李宁．边坡工程——理论与实践最新发展［M］．北京：中国水利水电出版社，1999.

［25］ 陈希哲．土力学地基基础［M］．3版．北京：清华大学出版社，1998.

［26］ 钱加欢，殷宗泽．土工原理与计算［M］．2版．北京：中国水利水电出版社，1996.

［27］ 殷宗泽．土力学学科发展的现状与展望［J］．河海大学学报，1999，27（1）：1-5.

［28］ 张悼元，王士天，王兰生．工程地质分析原理［M］．北京：地质出版社，1994.

［29］ 徐永福，傅德明．非饱和土结构强度的研究［J］．工程力学，1999，16（4）：73-77.

［30］ 卢肇钧，张惠明，陈建华，等．非饱和土的抗剪强度与膨胀压力［J］．岩土工程学报，1992，14（3）：1-8.

［31］ 卢肇钧．非饱和土抗剪强度的探索研究［J］．中国铁道科学，1999，20（2）：10-16.

［32］ 毛尚之．非饱和膨胀土的土-水特征曲线研究［J］．工程地质学报，2002，10（2）：129-133.

［33］ 汪益敏，苏卫国．土的抗剪强度指标对边坡稳定分析的影响［J］．华南理工大学学报（自然科学版），2001，29（1）：22-25.

［34］ 龚壁卫，刘艳华，詹良通．非饱和土力学理论的研究意义及其工程应用［J］．人民长江，1999，30（7）：20-22.

［35］ 陈祖煜．土质边坡稳定分析——原理·方法·程序［M］．北京：中国水利水电出版社，2003.

［36］ 陈谦应．边坡稳定分析计算模式及其数值计算方法［J］．华东公路，1995（3）：71-75.

［37］ 夏元友，李梅．边坡稳定性评价方法研究及发展趋势［J］．岩石力学与工程学报，2002，21（7）：1087-1091.

［38］ 冯树仁，丰定祥，葛修润，等．边坡稳定性的三维极限平衡分析方法及应用［J］．岩土工程学报，1999，21（6）：657-661.

［39］ 周资斌．基于极限平衡法和有限元法的边坡稳定分析研究［D］．南京：河海大学，2004.

［40］ 胡敏萍．极限平衡法和有限单元法分析复杂边坡的稳定性［D］．杭州：浙江大学，2004.

［41］ 黄昌乾，丁恩保．边坡工程常用稳定性分析方法［J］．水电站设计，1999，15（1）：53-58.

［42］ 秦鸣，徐海燕．边坡稳定计算中最危险滑动圆弧圆心的优化方法［J］．工程力学，1996（A03）：306-310.

［43］ 邵龙潭，唐洪祥，韩国城．有限元边坡稳定分析方法及其应用［J］．计算力学学报，2001，18（1）：81-87.

［44］ 时卫民，郑颖人，唐伯明．滑坡稳定性评价方法的探讨［J］．岩土力学，2003，24（4）：545-548.

［45］ 朱伯芳．有限单元法原理与应用［M］．2版．北京：中国水利水电出版社，1998.

［46］ 张天宝．土坡稳定分析和土工建筑物的边坡设计［M］．成都：成都科技大学出版

社，1987.

[47] 朱文彬，刘宝琛.降雨条件下土体滑坡的有限元数值分析 [J].岩石力学与工程学报，2002，21（4）：509－512.

[48] 罗文强，晏同珍.降雨及地下水对边坡稳定性动态影响的初步研究 [J].地质科技情报，1995，14（4）：77－81.

[49] 刘翠容，王化光.降雨入渗对土质边坡稳定的影响 [J].铁道建筑，2006（2）：66－68.

[50] 陈善雄，陈守义.考虑降雨的非饱和土边坡稳定性分析方法 [J].岩土力学，2001，22（4）：447－450.

[51] 高润德，彭良泉，王钊.雨水入渗作用下非饱和土边坡的稳定性分析 [J].人民长江，2001，32（11）：25－27.

[52] 李亮，刘宝琛.降雨入渗条件下边坡极限承载力的分析 [J].铁道学报，2002，24（4）：109－113.

[53] 尚军，王成华.考虑非饱和土强度的基坑整体稳定分析方法研究 [J].天津城市建设学院学报，2002，8（2）：96－99.

[54] 林鲁生，蒋刚.考虑降雨入渗影响的边坡稳定分析方法探讨 [J].武汉大学学报（工学版），2001，34（1）：42－44.

[55] Lumb P. Effect of rainstorm on slope stability [C] //Proc. of Sym. on Hong Kong：[s. n.]，1962：73－87.

[56] Colline B D，Znidarcic D. Stability Analyses of Rainfall Induced Landslides [J]. Journal of Geotechnical and Geoenvirinmental Engineering，2004，130（4）：362－372.

[57] Johnson K A，Sitae N. Hydrologic Conditions Leading to Debris－flow Initiation [J]. Canadian Geotechnical Journal，1990，27（6）：789－801.

[58] Tohari A，Nishigak M，Komatsu M. Laboratory Rainfall－induced Slope Failure with Moistuer Content Measurement [J]. Journal of Geotechnical & Geoenvironmental Engineering，2007，133（5）：575－587.

[59] Chen H，Lee C F，Law K T. Causative Mechanisms of Ranifall－induced Fill Slope Failures [J]. Journal of Geotechnical and Geoenvironmental Engineering，2004，130（6）：593－602.

[60] Matsushi Y，Hattanji T，Matsukura Y. Mechanisms of Shallow Landslides on Soil－mantled Hillslopes with Permeable and Impermeable Bedrocks in the Boso Peninsula，Japan [J]. Geomorphology，2006，76（1/2）：92－108.

[61] Ali A，Huang Jin－song，Lyamin A V，et al. Boundary Effects of Rainfall－induced Landslides [J]. Computers and Geotechnics，2014，61：341－354.

[62] Lumb P. Slope failure in Hong Kong [J]. Engineering Geology and Hydrogeology，1975，8：31－65.

[63] Mein T G，Larson C L. Modeling Infiltration During a Steady Rain [J]. Water Resources Research，1973，9（2）：384－394.

[64] Chu Shu－tung. Infiltration During an Unsteady Tain [J]. Water Resources Research，1978，14（3）：461－466.

[65] Chen L，Young M H. Green－Ampt Infiltration Model for Sloping Surfaces [J].

Water Resources Research，2006，42：1-9.

[66] Uromeihy A，Mahdraifar M R. Landslide hazard zonation of the Khorshrostam area，Iran [J]. Bulletin of Engineering Geology & the Environment，2001，58：207-213.

[67] Finlay P K，Fell R，Maguire P K. The relationship between the probability of landslide occurrence and rainfall [J]. Canadian Geotechnical Journal，1997，34：811-824.

[68] Dai F C，Lee C F. Frequency-volume relation and prediction of rainfall-induced landslides [J]. Engineering Geology，2001，59（3-4）：253-266.

[69] Pun W K，Wang A C W，Pang P L R. Review of landslip warning criteria [R]. SPR4/99. Geotechnical Engineering Office. The government of the Hong Kong special adminisrative region，1999.

[70] 李焕强，孙红月，孙新民，等. 降雨入渗对边坡性状影响的模型实验研究 [J]. 岩土工程学报，2009，31（4）：589-594.

[71] 林鸿州，于玉贞，李广信，等. 降雨特性对土质边坡失稳的影响 [J]. 岩石力学与工程学报，2009，28（1）：198-204.

[72] 李龙起，罗书学，王运超，等. 不同降雨条件下顺层边坡力学响应模型试验研究 [J]. 岩石力学与工程学报，2014，33（4）：755-762.

[73] 张珍，李世海，马力. 重庆地区滑坡与降雨关系的概率分析 [J]. 岩石力学与工程学报，2005，25（17）：3185-3191.

[74] 张玉成，杨光华，张玉兴. 滑坡的发生与降雨关系的研究 [J]. 灾害学，2007，22（1）：82-85.

[75] 刘礼领，殷坤龙. 暴雨型滑坡降水入渗机理分析 [J]. 岩土力学，2008，29（4）：1061-1066.

[76] 李长江，麻土华，李炜，等. 滑坡频度-降雨量的分形关系 [J]. 中国地质灾害与防治学报，2010，21（01）：87-93.

[77] 肖威. 鄂西恩施地区降雨与滑坡关系浅析 [C] //中国地质学会工程地质专业委员会. 第九届全国工程地质大会论文集. 中国地质学会工程地质专业委员会：工程地质学报编辑部，2012.

[78] 文海家，赵亮，李鑫. 重庆主城区降雨致地质灾害危险性研究与滑坡气象预报预警模型 [D]. 重庆：重庆大学，2012.

[79] 贺可强，白建业，王思敬. 降雨诱发型堆积层滑坡的位移动力学特征分析 [J]. 岩土力学，2005，26（5）：705-709.

[80] 罗先启，刘德富，吴剑，等. 雨水及库水作用下滑坡模型试验研究 [J]. 岩石力学与工程学报，2005，24（7）：2476-2483.

[81] 许建聪，尚岳全，王建林. 松散土质滑坡位移与降雨量的相关性研究 [J]. 岩石力学与工程学报，2006，25（增刊）：2854-2860.

[82] 张我华，陈合龙，陈云敏. 降雨裂缝渗透影响下山体边坡失稳灾变分析 [J]. 浙江大学学报（工学版），2007，41（9）：1429-1435.

[83] 周中，傅鹤林，刘宝琛，等. 土石混合体边坡人工降雨模拟试验研究 [J]. 岩土力学，2007，28（7）：1391-1396.

[84] 赵放，王东法，杨军，等. 突发暴雨型滑坡泥石流地质灾害格点化预警方法 [J]. 浙江气象，2011，32（3）：8-12，27.

［85］ 蔡泽宏，基于监测数据的台风暴雨型土质滑坡预警判据研究［D］. 福州：福州大学，2015.

［86］ Alonso E，Gens A，Lioret A，et al. Effect of rain infiltration on the stability of slopes［J］. Unsaturted Soils，1995（1）.

［87］ Ng C W W，Shi Q. A numerical investigation of the stability of unsaturated soil slopes subjected to transient seepage［J］. Computers and Geotechnics，1998，22（1）：1 - 28.

［88］ 吴宏伟，陈守义，庞宇威. 雨水入渗对非饱和土坡稳定性影响的参数研究［J］. 岩土力学，1999，20（1）：1 - 14.

［89］ Fredlund D G. Slope stability analysis incorporating the effect of soil suction［C］// Slope Stability. Anderson M G，Richards. New York：Wiley. 1987.

［90］ Fredlund D G，Rahardjo H. Hillside slope stability assessment in unsaturated residual soils［C］// IKRAM. Seminar on the Geotechnical Aspects of Hillside Development，Malaysia：［s. n.］，1994.

［91］ 陈守义. 考虑入渗和蒸发影响的土坡稳定性分析方法［J］. 岩土力学，1997，18（2）：8 - 12.

［92］ 李兆平，张弥. 降雨入渗对基坑工程安全性影响研究［J］. 中国安全科学学报，2000，10（3）：16 - 22.

［93］ 李兆平，张弥. 考虑降雨入渗影响的非饱和土边坡瞬态安全系数研究［J］. 土木工程学报，2001，34（5）：57 - 61.

［94］ 姚海林，郑少河，李文斌，等. 降雨入渗对非饱和膨胀土边坡稳定性影响的参数研究［J］. 岩石力学与工程学报，2002，21（7）：1034 - 1039.

［95］ 汪自力，朱明霞，高青伟. 饱和 - 饱和渗流作用下边坡稳定分析的混合法［J］. 郑州大学学报（工学版），2002，23（1）：25 - 27.

［96］ 李焯芬，陈虹. 雨水渗透与香港滑坡灾害［J］. 水文地质工程地质，1997（4）：34 - 38.

［97］ 李军，周成虎. 香港地区滑坡体积与前期降水关系分析［J］. 自然灾害学报，2002，11（2）：37 - 45.

［98］ 李晓. 重庆地区的强降雨过程与地质灾害的相关分析［J］. 中国地质灾害与防治学报，1995，6（3）：39 - 42.

［99］ 钟荫乾. 滑坡与降雨关系及其预报［J］. 中国地质灾害与防治学报，1998，9（4）：81 - 86.

［100］ 柳源. 滑坡临界暴雨强度［J］. 水文地质工程地质，1998（3）：43 - 45.

［101］ Brand E W，Premehit J，P hillipson H B. Relationship between rainfall and and landslides in Hong Kong［C］//Proceedings of the 4th International Symposium on Landslides. Toronto，1984.

［102］ Reid M E，Lahusen R G. Real - time Monitoring of Active Landslides Along Highway 50，El Dorado County［J］. California Geology，1998，51（3）：17 - 20.

［103］ 杜榕恒，刘新民，袁建模，等. 长江三峡库区滑坡与泥石流研究［M］. 成都：四川科学技术出版社，1991.

［104］ 李晓. 重庆地区的强降雨过程与地质灾害的相关分析［J］. 中国地质灾害与防治学

报，1995，6（3）：39－42.

[105] 王发读．浅层堆积物滑坡特征及其与降雨的关系初探［J］．水文地质工程地质，1995（1）：20－23.

[106] 林卫烈，杨舜成．滑坡与降水量相关性研究［J］．福建水土保持，2003，15（1）：28－32.

[107] 贺健．降雨对蔗头山山体滑坡的影响及灰色理论灾变预测［J］．有色金属（矿山部分），2000（5）：26－29.

[108] 胡明鉴，汪稔，张平仓．斜坡稳定性及降雨条件下激发滑坡的试验研究——以蒋家沟流域滑坡堆积角砾土坡地为例［J］．岩土工程学报，2001，23（4）：454－457.

[109] 林孝松，郭跃．滑坡与降雨的耦合关系研究［J］．灾害学，2001，16（2）：87－92.

[110] 杨顺泉．突发性地质灾害防灾预警系统方案研究［J］．中国地质灾害与防治学报，2002，13（2）：109－111.

[111] 谢剑明，刘礼领，殷坤龙，等．浙江省滑坡灾害预警预报的降雨阈值研究［J］．地质科技情报，2003，22（4）：101－105.

[112] 周国兵，马力，廖代强．重庆市山体滑坡气象条件等级预报业务系统［J］．应用气象学报，2003，14（1）：122－124.

[113] 毛昶熙，段祥宝，李祖贻．渗流数值计算与程序应用［M］．南京：河海大学出版社，1999.

[114] 杜延龄，许国安．渗流分析的有限元法和电网络法［M］．北京：中国水利水电出版社，1992.

[115] 速宝玉，沈振中，赵坚．用变分不等式理论求解渗流问题的截止负压法［J］．水利学报，1996（3）：22－29.

[116] 莫海鸿，林德璋．裂隙介质网络水流模型的拓扑研究［J］．岩石力学与工程学报，1997，16（2）：97－103.

[117] 黄俊，苏向明，汪炜平．土坝饱和-非饱和渗流数值分析方法研究［J］．岩土工程学报，1990，12（5）：30－39.

[118] 李信，高骥，汪自力，等．饱和-非饱和土的渗流三维计算［J］．水利学报，1992（11）：63－68.

[119] 刘艳华，龚壁卫，苏鸿．非饱和土的水分特征曲线研究［J］．工程勘察，2002（3）：8－11.

[120] 李锡夔，范益群．非饱和土变形及渗流过程的有限元分析［J］．岩土工程学报，1998，20（4）：20－24.

[121] 肖明．三维非均质岩体各向异性渗流场分析［J］．武汉水利电力大学学报，1995，28（4）：418－424.

[122] 刘洁，毛昶熙．堤坝饱和与非饱和渗流计算的有限单元法［J］．水利水运科学研究，1997（3）：242－252.

[123] 张家发，李思慎，叶自桐．高边坡山体饱和非饱和渗流场的初步分析［J］．人民长江，1998，29（1）：44－46.

[124] 史海滨，陈亚新．饱和-非饱和流溶质传输的数学模型与数值方法评价［J］．水利学报，1993（8）：49－55.

[125] 徐永福，董平．非饱和土的水分特征曲线的分形模型［J］．岩土力学，2002，23

（4）：400 - 405.

[126] 元桂明. 非饱和带地下水运动的数学模型和算法 [J]. 山东科学，1992（1）：1 - 6.

[127] 雷志栋，杨诗秀，谢森传. 土壤水动力学 [M]. 北京：清华大学出版社，1988.

[128] 陈玉璞. 流体动力学 [M]. 南京：河海大学出版社，1990.

[129] 罗焕炎，陈雨孙. 地下水运动的数值模拟 [M]. 北京：中国建筑工业出版社，1988.

[130] 朱学愚，谢春红. 地下水运移模型 [M]. 北京：中国建筑工业出版社，1987.

[131] 李佩成. 地下水非稳定渗流解析法 [M]. 北京：北京科学技术出版社，1990.

[132] 戚国庆，黄润秋，速宝玉，等. 岩质边坡降雨入渗过程的数值模拟 [J]. 岩石力学与工程学报，2003，22（4）：625 - 629.

[133] 张有天，刘中. 降雨过程裂隙网络饱和/非饱和、非恒定渗流分析 [J]. 岩石力学与工程学报，1997，16（2）：104 - 111.

[134] 肖起模，邹连文，刘江. 降水入渗补给系数与地层的相关分析与应用 [J]. 水利学报，1998（10）：32 - 35.

[135] 王永义，王专翠，胡以高. 降雨入渗补给规律分析 [J]. 地下水，1998，20（2）：74 - 75.

[136] 冯绍元，丁跃元，姚彬. 用人工降雨和数值模拟方法研究降雨入渗规律 [J]. 水利学报，1998（11），17 - 20.

[137] 张书函，康绍忠，蔡焕杰，等. 天然降雨条件下坡地水量转化的动力学模式及其应用 [J]. 水利学报，1998，29（4）：55 - 62.

[138] 冯绍元，丁跃元，姚彬. 用人工降雨和数值模拟方法研究降雨入渗规律 [J]. 水利学报，1998（11），17 - 20.

[139] 孙役，王恩志，黄远智. 暴雨入渗下裂隙岩体边坡渗流及稳定分析 [J]. 水利水电技术，1999，30（5）：38 - 40.

[140] 朱岳明. Darcy渗流量计算的等效结点流量法 [J]. 河海大学学报，1997，25（4）：105 - 108.

[141] 王媛. 求解有自由面渗流问题的初流量法的改进 [J]. 水利学报，1998（3）：68 - 73.

[142] 张有天，陈平，王镭. 有自由面渗流分析的初流量法 [J]. 水利学报，1988（8）：18 - 26.

[143] 梁业国，熊文林，周创兵. 有自由面渗流分析的子单元法 [J]. 水利学报，1997（8）：34 - 38.

[144] 李信，高骥，汪自力，等. 饱和-非饱和土的渗流三维计算 [J]. 水利学报，1992（11）：63 - 68.

[145] 李爱兵. 边坡中地下水渗流的边界元分析 [J]. 矿业研究与开发，1994，14（1）：29 - 35.

[146] 张家发. 土坝饱和与非饱和稳定渗流场的有限元分析 [J]. 长江科学院院报，1994，11（3）：41 - 45.

[147] 张家发. 三维饱和非饱和稳定非稳定渗流场的有限元模拟 [J]. 长江科学院院报，1997，14（3）：35 - 38.

[148] 马博恒. 露采边坡渗流的有限元分析及其实例 [J]. 河北冶金，1997（6）：6 - 10.

[149] 吴梦喜，张学勤．有自由面渗流分析的虚单元法 [J]．水利学报，1994 (8)：67-71．

[150] 吴梦喜，高莲士．饱和-非饱和土体非稳定渗流数值分析 [J]．水利学报，1999 (12)：38-42．

[151] 朱文彬，刘宝琛．公路边坡降雨引起的渗流分析 [J]．长沙铁道学院学报，2002，20 (2)：104-108．

[152] 苏立群，吴海真，祝德和．考虑降雨入渗及饱和-非饱和渗流作用下的土石坝边坡稳定性研究 [J]．江西水利科技，2006，32 (2)：63-67．

[153] 吴海真，顾冲时，张文捷，等．饱和非饱和渗流作用下的岩石高边坡降雨过程稳定性研究 [C] //第五届全国水利工程渗流学术研讨会论文集．2006，127-128．

[154] 文宝萍．滑坡预测预报研究现状与发展趋势 [J]．地学前缘，1996，3 (1)：86-92．

[155] 徐峻龄，马辉．滑坡临滑预报方法之讨论 [J]．中国地质灾害与防治学报，1998，9 (sl)：364-369．

[156] 郝小员，郝小红，熊红梅，等．滑坡时间预报的非平稳时间序列方法研究 [J]．工程地质学报，1999，7 (3)：279-283．

[157] 吴益平，唐辉明．滑坡灾害空间预测研究 [J]．地质科技情报，2001，20 (2)：87-90．

[158] 殷坤龙．滑坡灾害预测预报分类 [J]．中国地质灾害与防治学报，2003，14 (4)：12-18．

[159] 王建锋．滑坡发生时间预报分析 [J]．中国地质灾害与防治学报，2003，14 (2)：1-8．

[160] 文海家，张永兴，柳源．滑坡预报国内外研究动态及发展趋势 [J]．中国地质灾害与防治学报，2004，15 (1)：1-4．

[161] 许强，黄润秋，李秀珍．滑坡时间预测预报研究进展 [J]．地球科学进展，2004，19 (3)：478-483．

[162] 唐璐，齐欢．混沌和神经网络结合的滑坡预测方法 [J]．岩石力学与工程学报，2003，22 (12)：1984-1987．

[163] 陈剑，杨志法，刘衡秋．滑坡的易滑度分区及其概率预报模式 [J]．岩石力学与工程学报，2005，24 (13)：2392-2396．

[164] 丁继新，杨志法，尚彦军，等．降雨型滑坡时空预报新方法 [J]．中国科学：D辑 地球科学，2006，36 (6)：579-586．

[165] 张进，房定旺，陈柏林．非线性科学在滑坡预测预报中的应用 [J]．金属矿山，2006 (5)：46-48．

[166] 李媛，杨旭东．降雨诱发区域性滑坡预报预警方法研究 [J]．水文地质工程地质，2006 (2)：101-103．

[167] 王年生．一种滑坡位移动力学预报方法探讨 [J]．西部探矿工程，2006 (6)：269-270．

[168] 文海家，张岩岩，付红梅，等．降雨型滑坡失稳机理及稳定性评价方法研究进展 [J]．中国公路学报，2018，31 (2)：15-29，96．

[169] 周创兵，李典庆．暴雨诱发滑坡致灾机理与减灾方法研究进展 [J]．地球科学进

展，2009，24（5）：477-487.

[170] 李滨，冯振，赵瑞欣，等．三峡地区"14·9"极端暴雨型滑坡泥石流成灾机理分析 [J]．水文地质工程地质，2016，43（04）：118-127.